21 世纪高等教育教材

画法几何及土木水利工程制图习题集

主　编　张满栋　梁国星
副主编　马金山　李唯东　王　琪

机 械 工 业 出 版 社

本习题集贯彻了张满栋、梁国星主编的《画法几何及土木水利工程制图》教材的指导思想、观点和方法，并与教材配套使用。主要内容包括：国家标准关于制图的基本规定，各种绘图方式，投影理论，工程形体的表达方法，标高投影，房屋建筑施工图，建筑结构施工图，给水排水工程图，暖通空调工程图，道路工程图，水利工程图等。

本习题集适用于高等工科院校建筑、土木工程、道路工程、给水排水工程、环境工程、采暖空调工程、水利工程等专业学生使用，也可供职业技术学院、函授等高等工科教育同类专业学生使用。

图书在版编目（CIP）数据

画法几何及土木水利工程制图习题集 / 张满栋，梁国星主编. — 3 版. —北京：机械工业出版社，2016.8（2024.10重印）

21 世纪高等教育教材

ISBN 978-7-111-54120-2

Ⅰ.①画… Ⅱ.①张… ②梁… Ⅲ.①画法几何—高等学校—习题集②土木工程—工程制图—高等学校—习题集③水利工程—工程制图—高等学校—习题集 Ⅳ.①TB23-44②TU204-44③TV222.1-44

中国版本图书馆 CIP 数据核字（2016）第 174051 号

机械工业出版社（北京市百万庄大街 22 号　邮政编码 100037）

策划编辑：何文军　责任编辑：何文军　责任校对：刘志文

封面设计：路恩中　责任印制：张　博

北京建宏印刷有限公司印刷

2024 年 10 月第 3 版第 12 次印刷

370mm×260mm · 7.5 印张 · 175 千字

标准书号：ISBN 978-7-111-54120-2

定价：25.00 元

电话服务　　　　　　　　　网络服务

客服电话：010-88361066　　机 工 官 网：www.cmpbook.com

　　　　　010-88379833　　机 工 官 博：weibo.com/cmp1952

　　　　　010-68326294　　金 书 网：www.golden-book.com

封底无防伪标均为盗版　　机工教育服务网：www.cmpedu.com

前　　言

　　本习题集与张满栋、梁国星主编的《画法几何及土木水利工程制图》教材配套使用，适用于高等工科院校建筑、土木、道路、给水排水、环境工程、暖通、水利类等专业学生使用，也可供职工技术教育、函授等高等工科教育同类专业学生使用。

　　本习题集编写立足反映以下特点：

　　(1) 习题的选编注意以培养学生的空间构思能力为核心，以提高计算机绘图、仪器绘图和徒手绘图能力为基础，并将其贯穿于教学全过程。

　　(2) 习题注重基本功训练，题量和难度都重新进行了必要的调整，以适应当前教学要求。

　　(3) 习题内容由浅入深，循序渐进，便于学生理解和系统全面掌握所学知识。

　　(4) 为便于组织教学，本习题集的编排顺序与配套教材一致。

　　参加习题集编写工作的有：张满栋(前言、第2、4、5、11、21章)，李唯东(第1章)，梁国星(第3、8章)，田秀萍(第6、7章)，董黎君(第9章)，郑君兰(第10章)，王琪(第12、14章)，赵洪生(第13章)，马金山(第15章)，侯爱民(第16章)，张建丽(第17、18章)，刘春义(第19章)，马麟(第20章)。梁国星参与了第8、9、10章的部分统稿工作，最后由张满栋负责统稿和定稿。

　　在习题集编写过程中，凝聚着太原理工大学工程图学教研室全体老师参与教学改革的智慧和汗水，在此一并表示感谢。本习题集参考了国内部分同类习题集，在此特向有关作者致谢！

　　由于我们水平所限，习题集中难免存在不足甚至错误之处，恳请读者批评指正。

编　者

2016 年 5 月

目　　录

1-1 字体练习。

建筑制图院系班专业审核比例平立剖面墙柱梁基础给排水道路桥涵洞

太原理工大学走廊厕所内外雨篷素土夯实防潮层砖砌体钢筋混凝土沙浆散水踏步框架承重结构

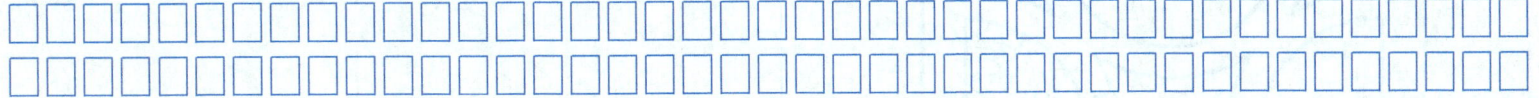

ABCDEFGHIJKLMNOPQRSTUVWXYZ   0123456789

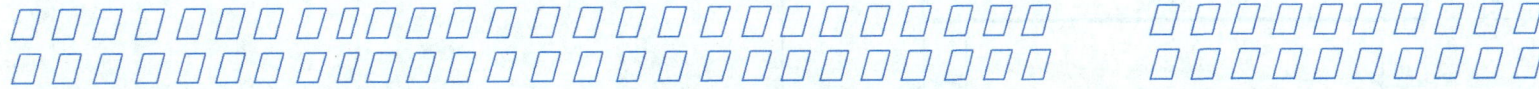

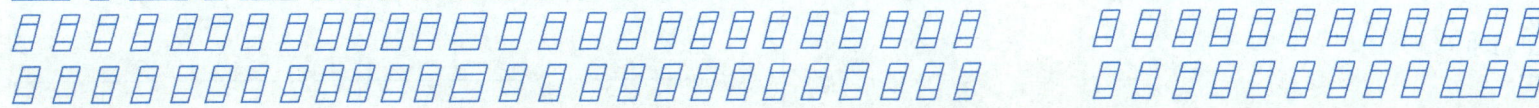

1-2 用同样的线型补画下列对称图形的另一半。

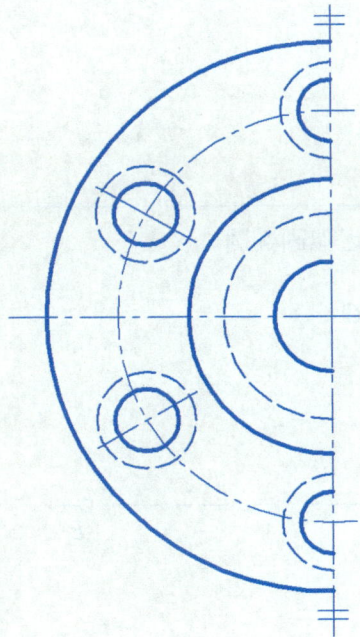

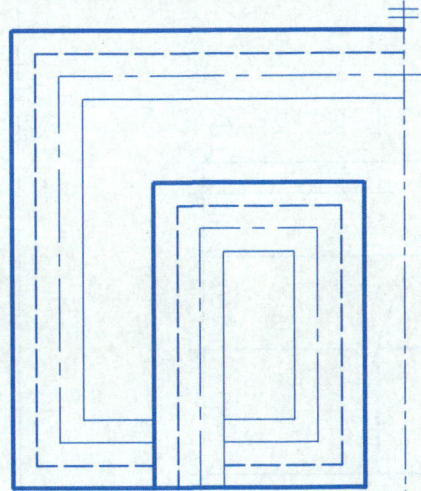

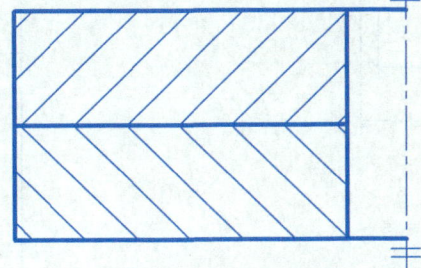

1-3 根据图中所给尺寸，分析并指出各线段的类型。

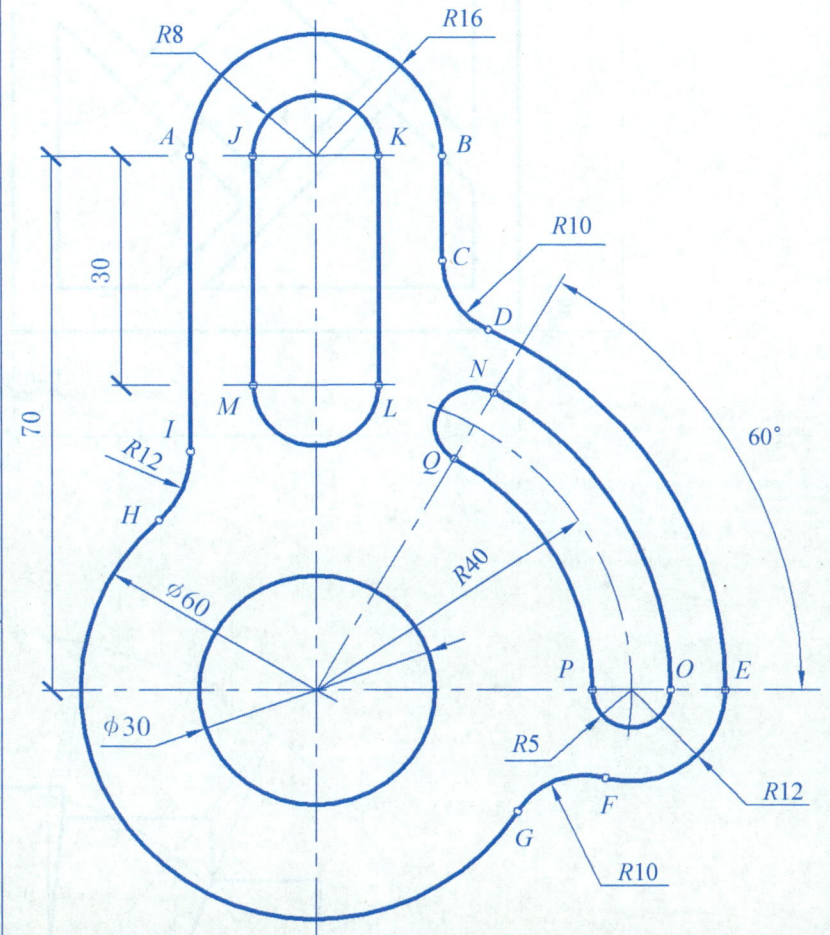

已知线段： _____

中间线段： _____

连接线段： _____

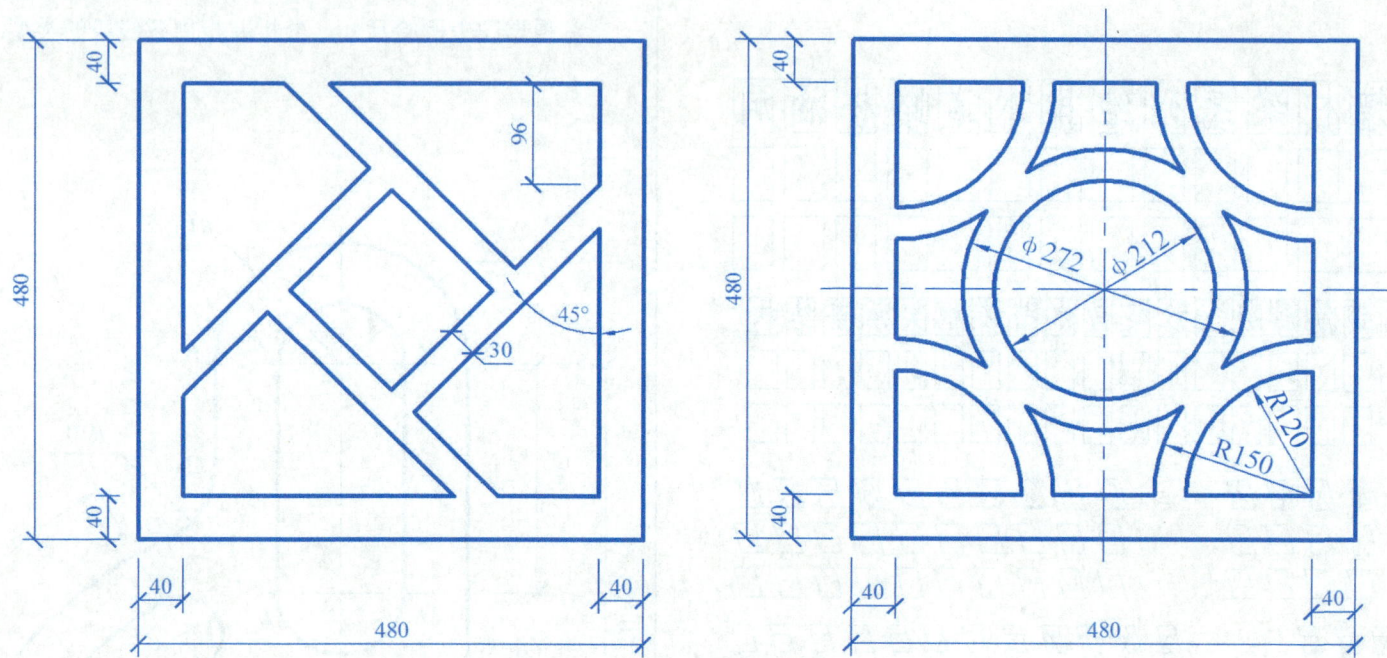

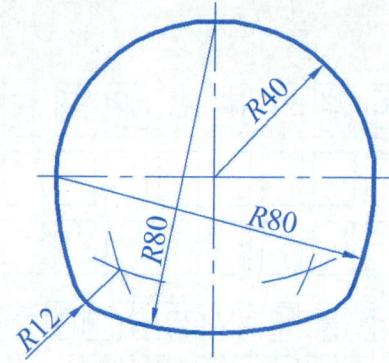

花格 1:5

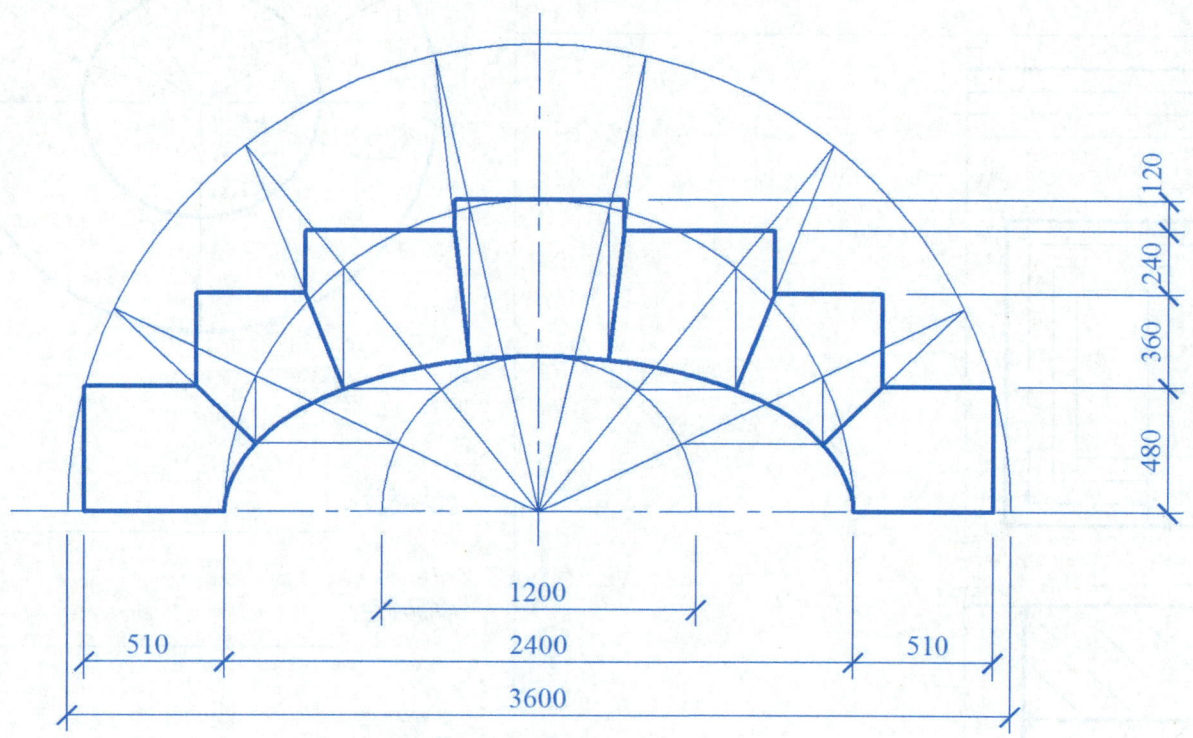

拱顶 1:20

1-6 已知椭圆长短轴，用四心圆法近似画椭圆。

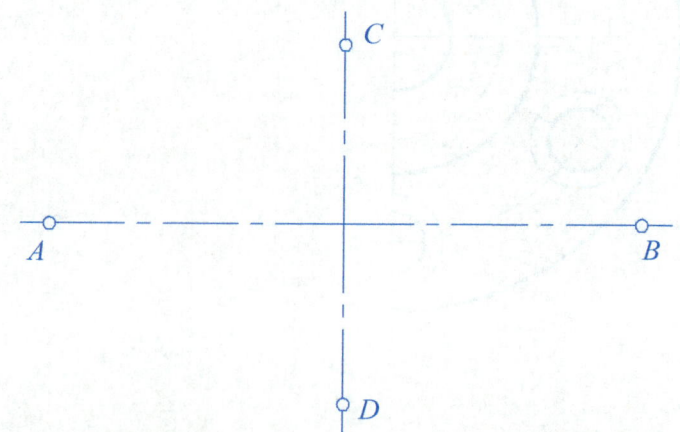

2-1　用AutoCAD进行基本图线、图形及文字练习。

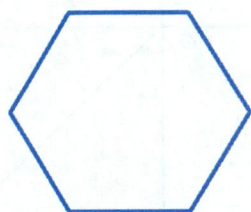
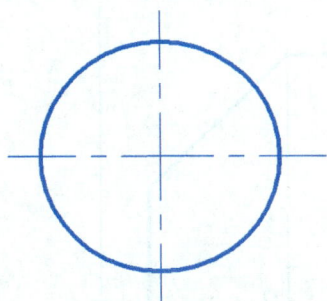

工程制图　专业　班级　$\phi100$　30°

2-2　用AutoCAD抄绘房屋的平面图、正立面图，尺寸直接从图中量取，并取整。

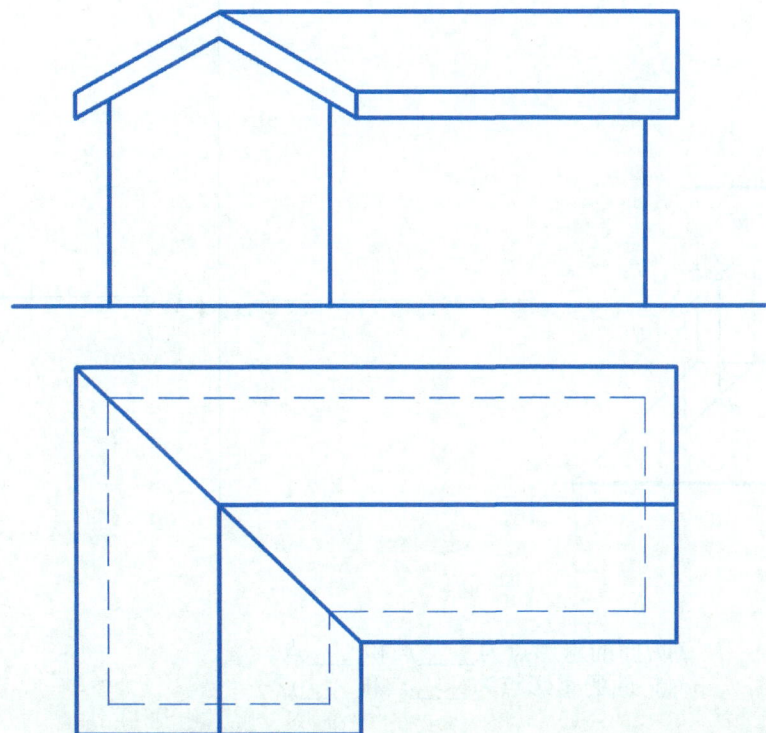

2-3　用AutoCAD抄绘下列图形，并对图（1）标注尺寸，图（2）尺寸直接从图中量取并取整。

（1）

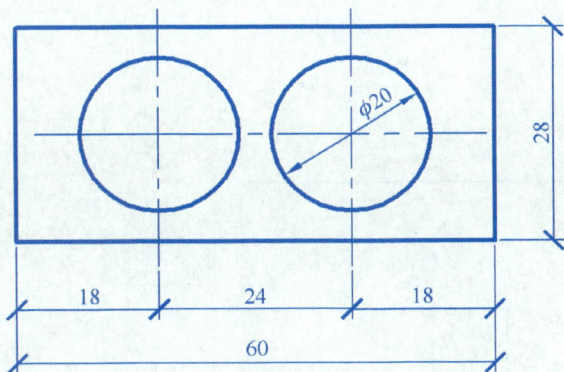

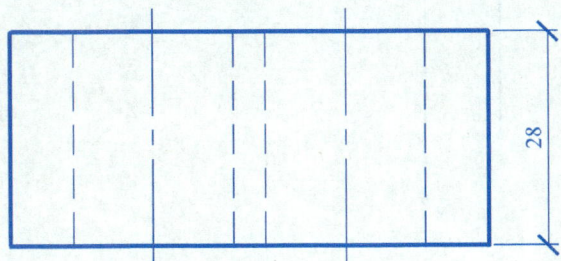

（2）

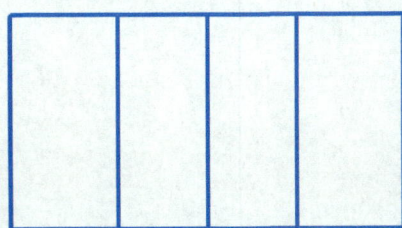

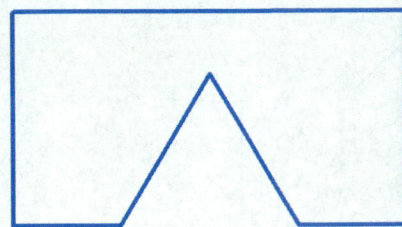

2-4　用AutoCAD抄绘形体的正立面半剖视图、平面图及左立面全剖视图，尺寸直接从图中量取，并取整。

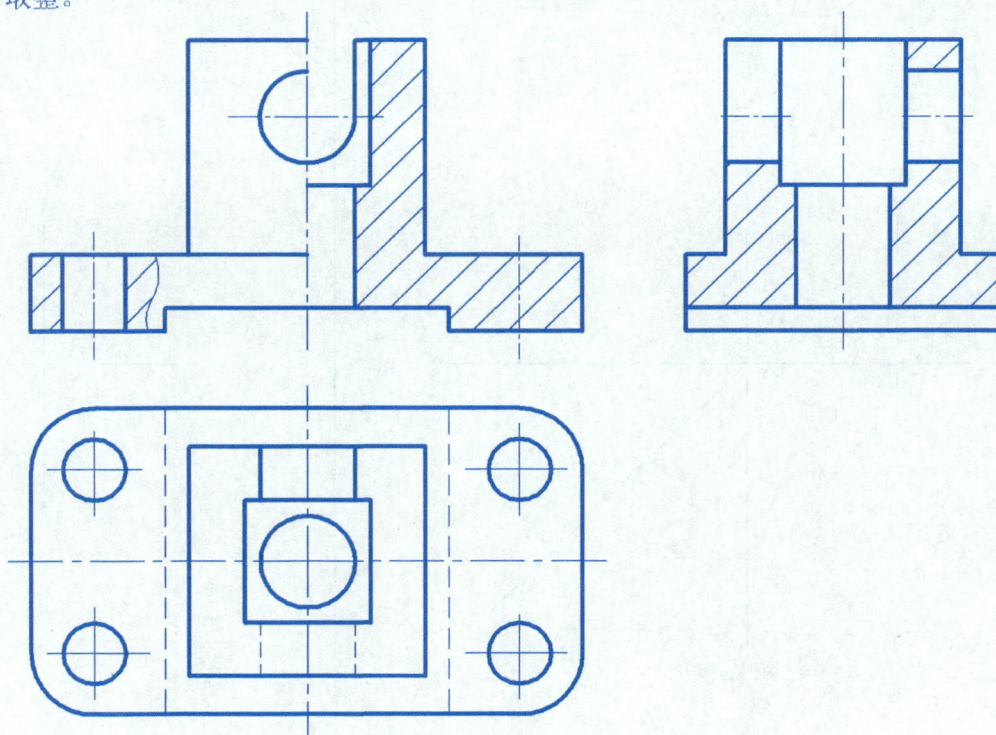

3-1　已知点的空间位置如图所示，分别求作它们的两面投影（图中1:1量取尺寸作图）。

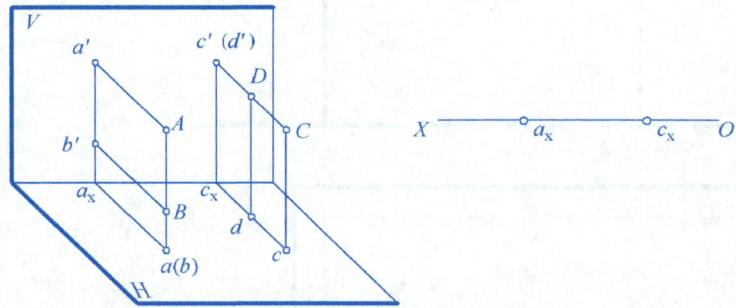

对 H 面的重影点为＿＿点和＿＿点
对 V 面的重影点为＿＿点和＿＿点

3-2　请在图中画出 A（10,15,20）、B(15,20,0)、C(20,0,10)三点的三面投影及直观图。

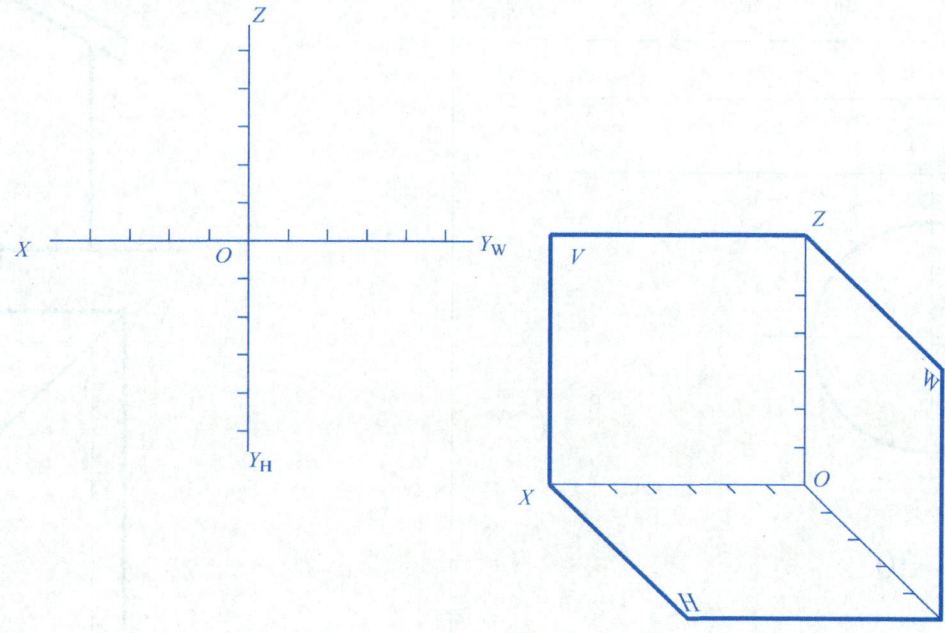

3-3　已知 A、B、C、D 四点的两面投影，求出它们的第三投影。

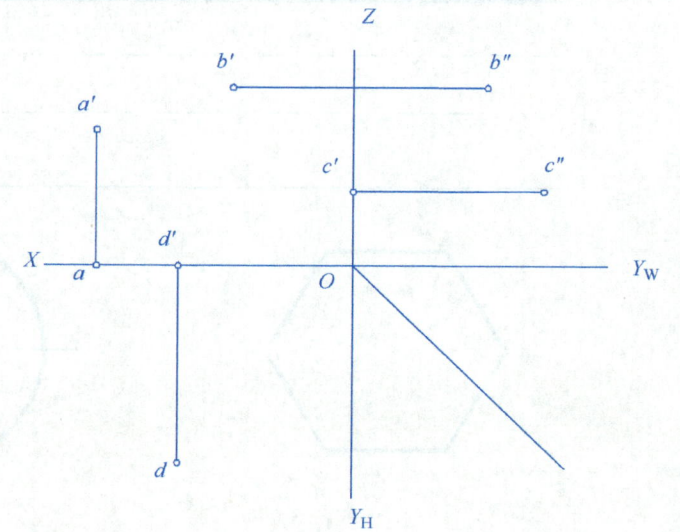

3-4　已知 B 点在 A 点的左方12，下方15，前方16，求 B 点的投影。

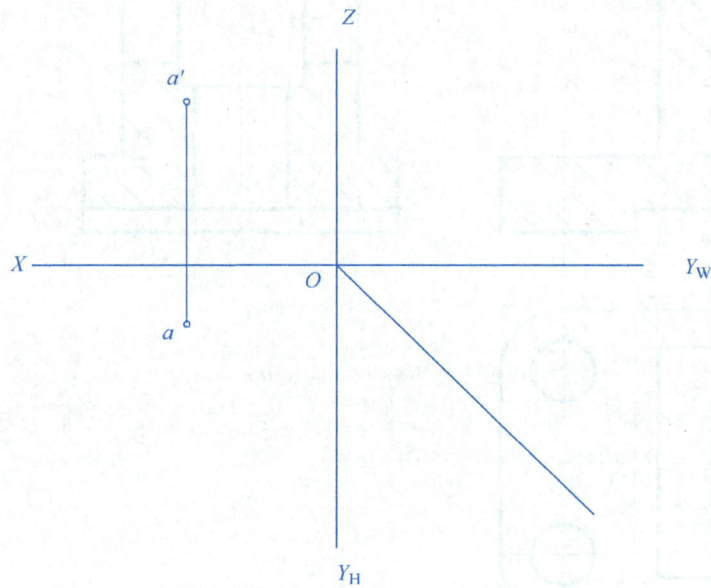

3-5　已知 A 点、B 点是关于 H 面的重影点，且 B 点在 A 点下方10处，求作 B 点的投影。

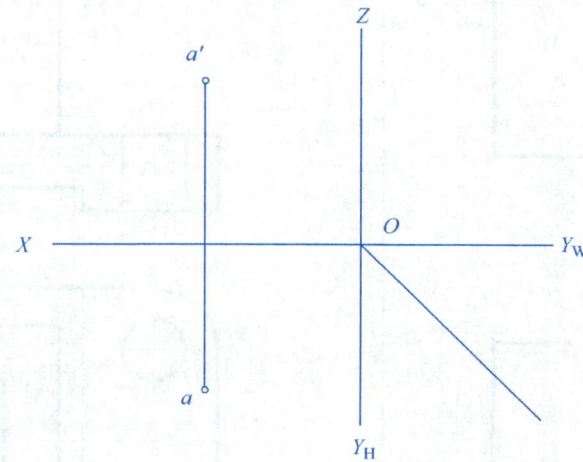

3-6　根据给出点的投影，求出 B、C 两点的第三投影（不添加投影轴）。

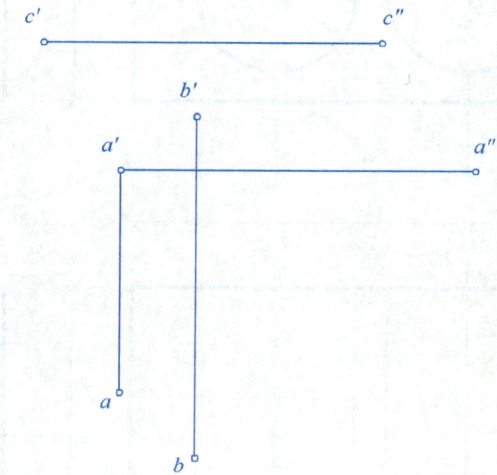

3-7 补画点的第三投影，判断下列各点的相对位置并填空。（在图中量取尺寸并取整）

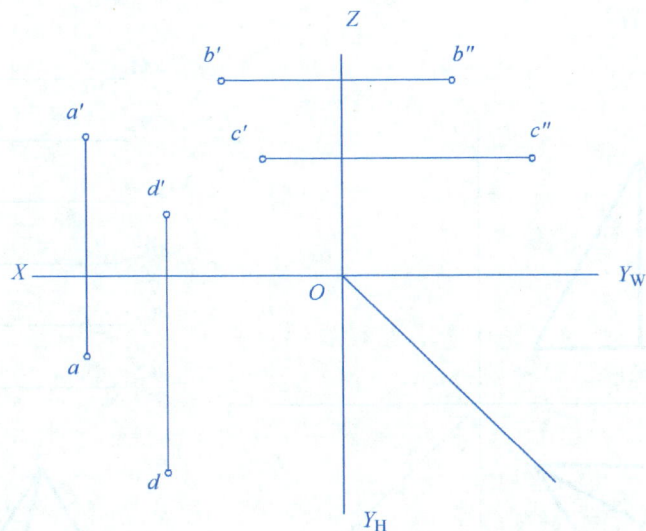

坐标差 Δ 点	相 对 于 A 点		
	ΔX	ΔY	ΔZ
B			
C			
D			

3-8 根据投影图完成 A、B、C、D、E 各点在直观图中的位置。

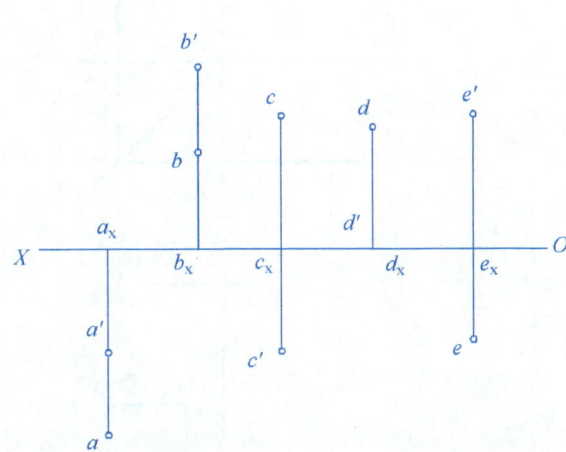

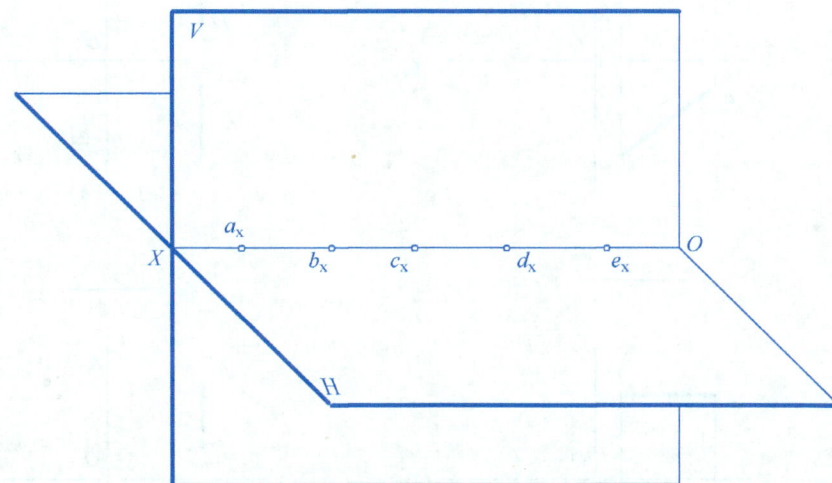

3-9 已知 A 点距 H 面和 V 面的距离相等，B 点距 W 面和 V 面的距离相等，完成两点的第三面投影。

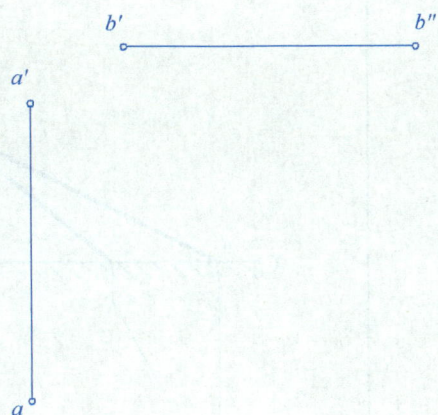

3-10 根据所给立体图中点 A、B、C、D 的位置，标出它们的投影。

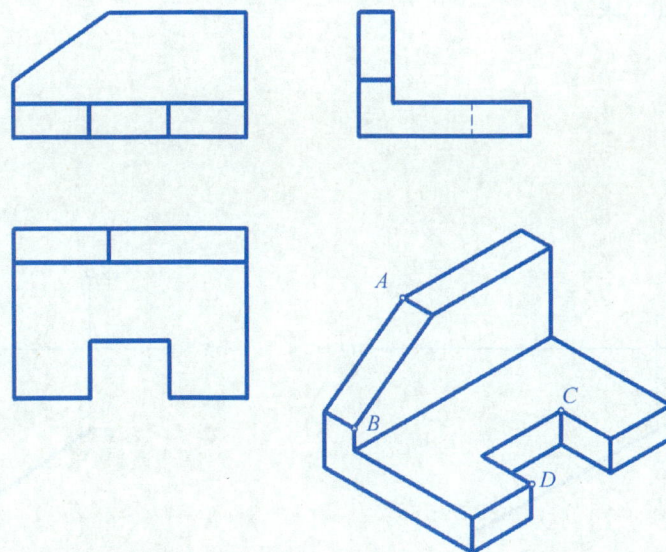

3-11 根据图示中 A 点、B 点、C 点的投影标出它们在立体图上的位置。

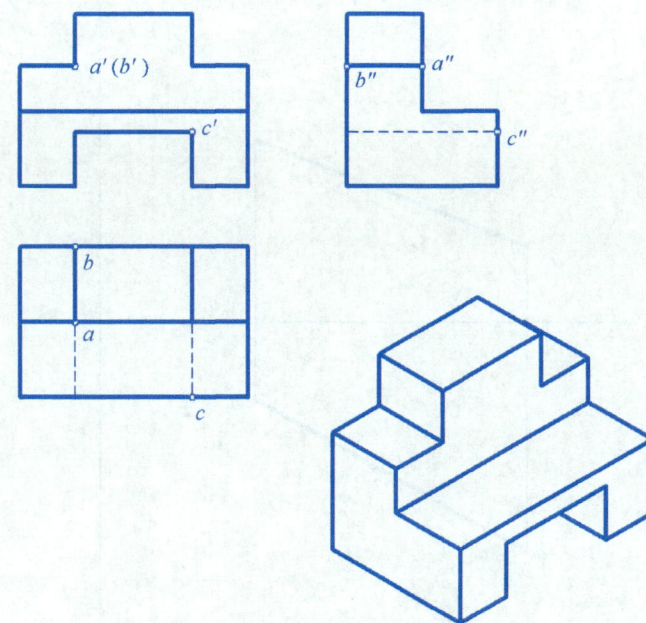

4-1 画出下列直线段的第三投影，判别其对投影面的相对位置，并在图中标出各特殊位置直线对投影面倾角的真实大小和反映实长的各投影。

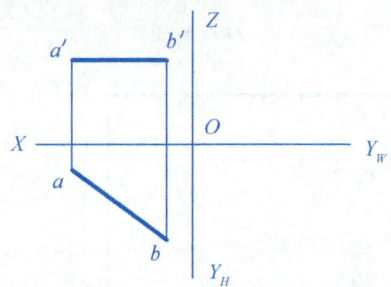

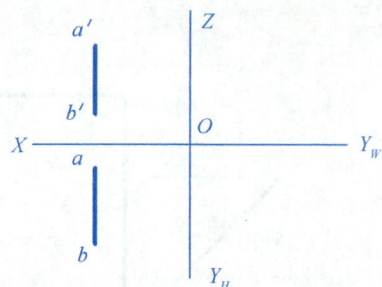

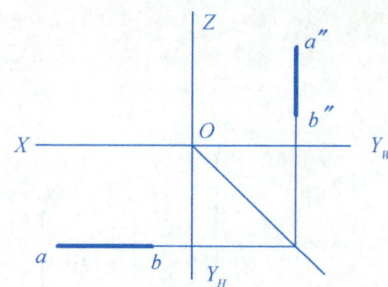

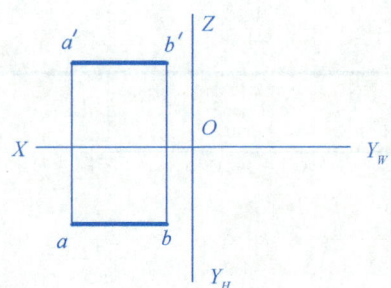

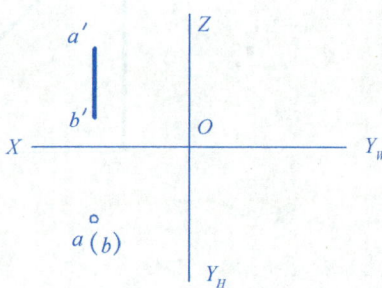

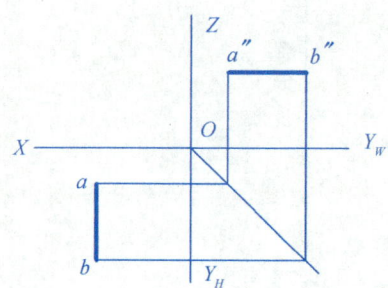

4-2 补画出构成三棱锥六条直线的侧面投影，并判别其相对位置，并将结果写到指定位置。

SA: _____

SB: _____

SC: _____

AB: _____

BC: _____

AC: _____

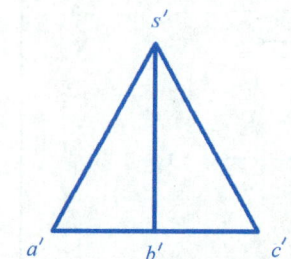

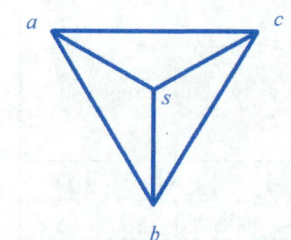

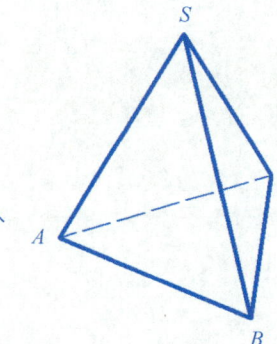

4-3 用直角三角形法求线段AB的实长及倾角 α、β。

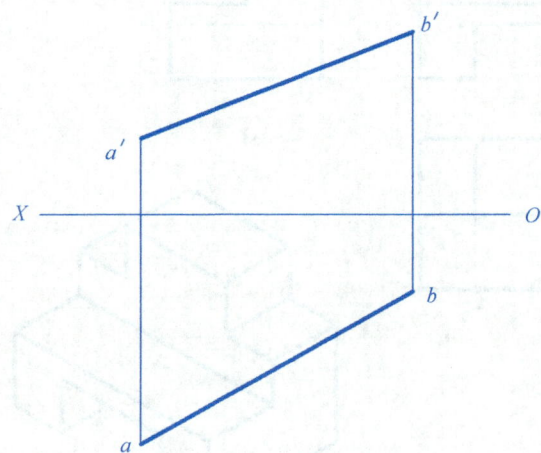

4-4 根据条件完成直线的另一投影（思考有几解，只作一解）。

（1）已知线段AB的实长为30，点A距水平面20，求 a'b'。

（2）已知直线AB的倾角 $\beta=30°$ ，求 a'b'。

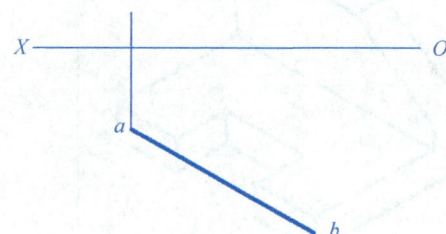

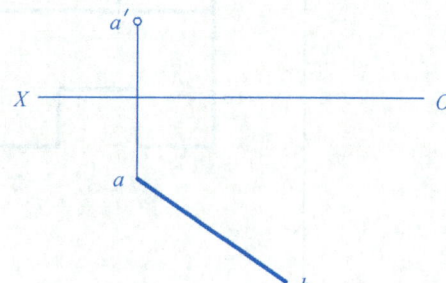

4-5 地面上竖一直杆AB, CD, CE 为两等长拉索，根据投影表示条件，完成其水平投影。

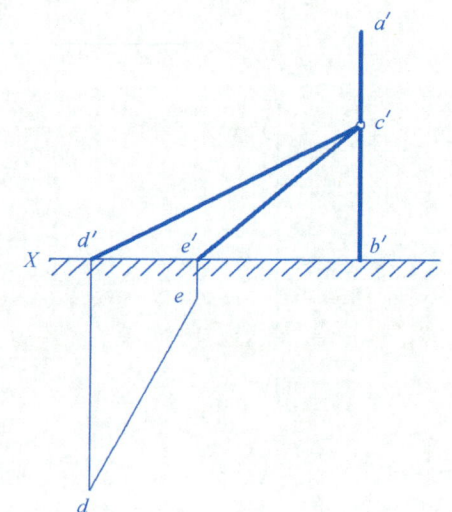

4-6 根据条件在直线AB上取一点C，完成C点的两面投影。

（1）C点与H、V面等距

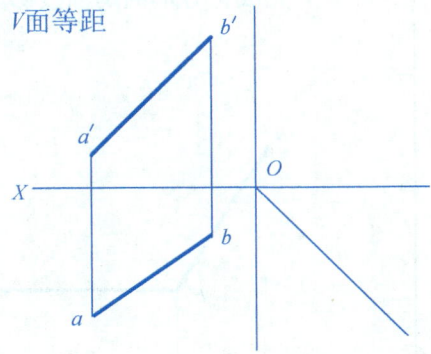

（2）C点的H面投影已知

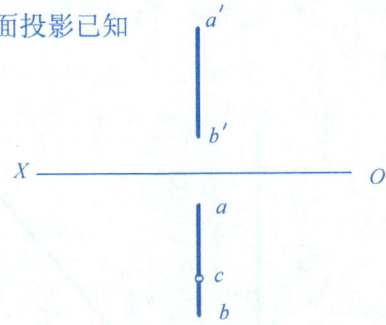

（3）AC=20

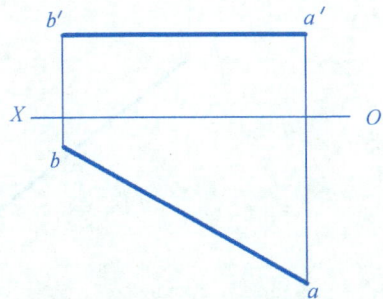

（4）AC=20

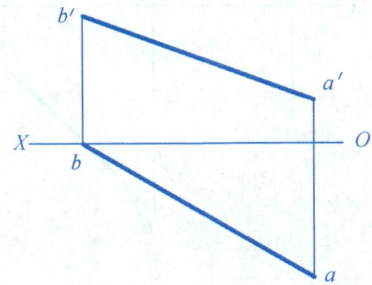

4-7 求两直线距离及投影。

（1）

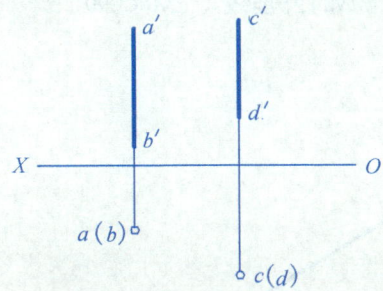

（2）

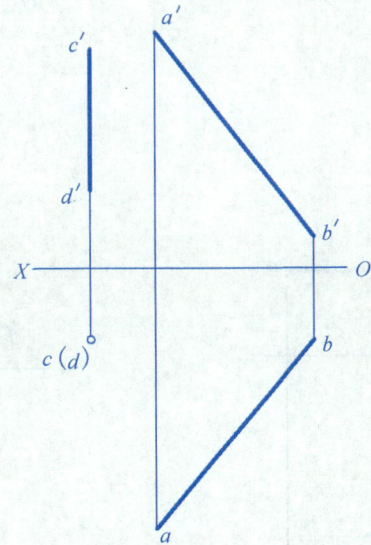

（3）

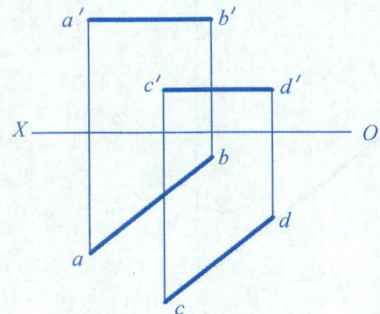

4-8 判别直线AB和CD之间的相对位置（平行、相交、交叉、相交垂直、交叉垂直）。

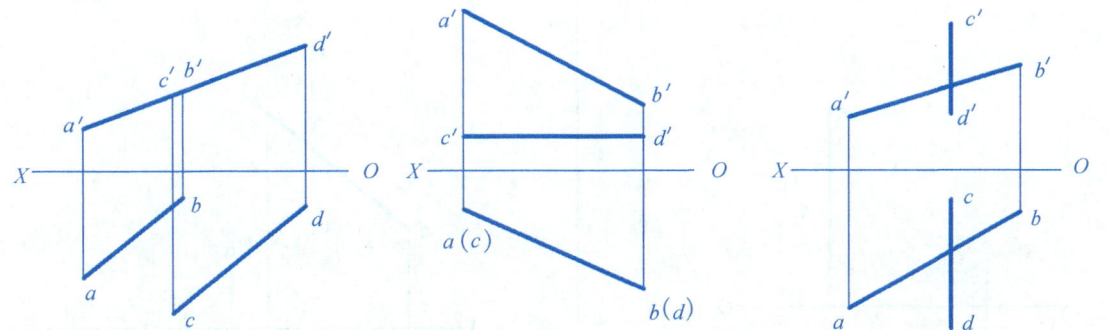

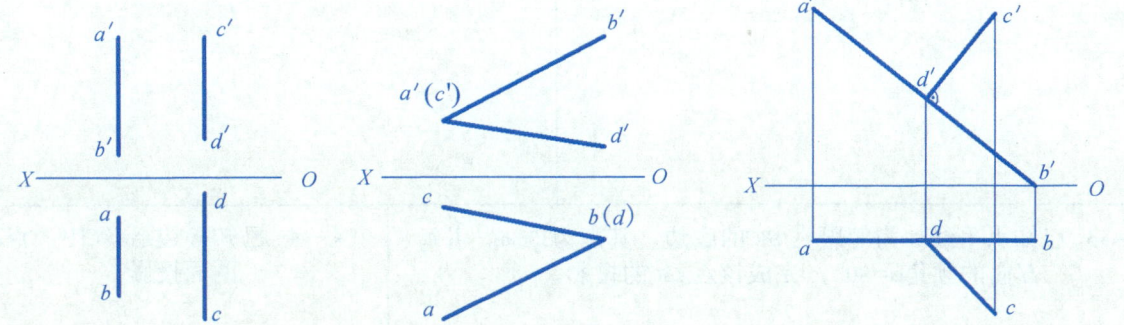

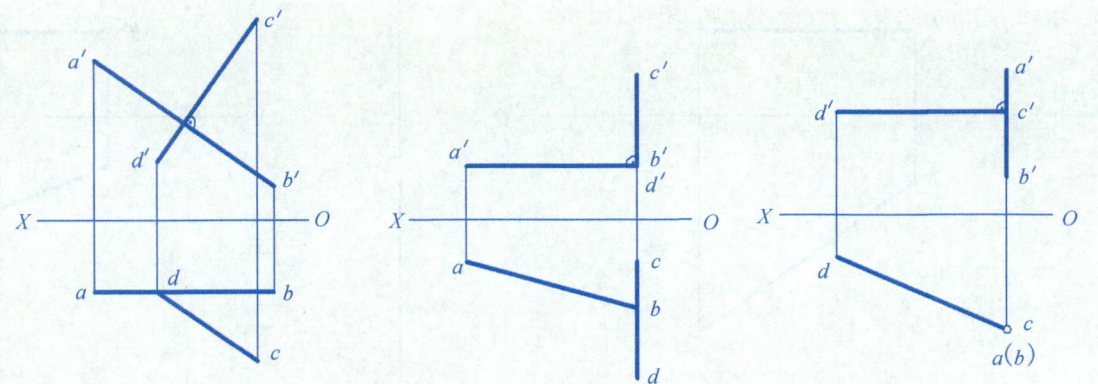

4-9 过点C作正平线CD与AB相交。

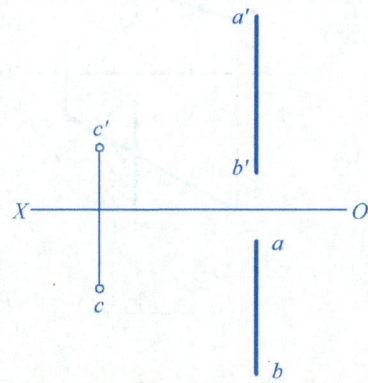

4-10 过点M作直线MN平行AB，与CD交于点N，并完成CD的正面投影。

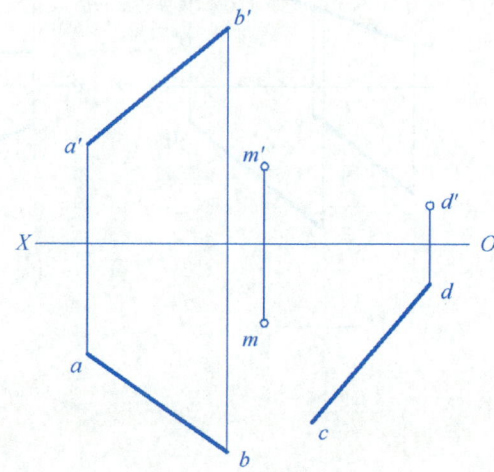

4-11 过点E作直线与两交叉直线AB、CD相交。

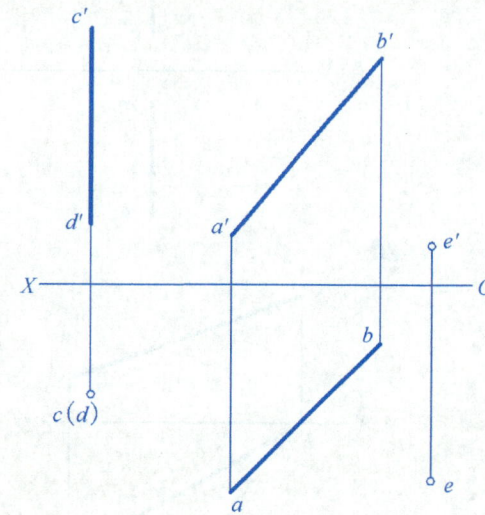

4-12 已知ABCD为一正方形，点C在直线BM上，完成正方形的两面投影。

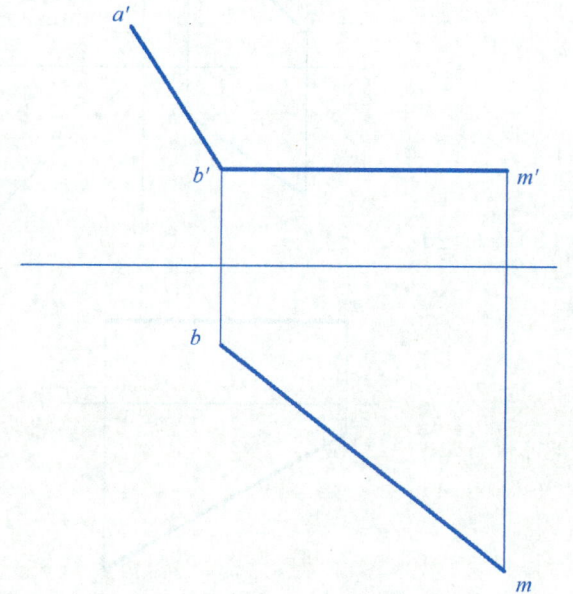

4-13 已知水平线BC为等腰△ABC的底边，其高为30mm，并与H面的倾角α=30°，完成该△ABC的投影。

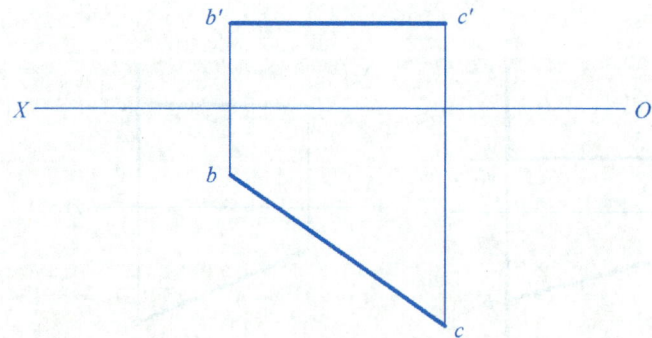

4-14 已知等边△ABC中，点A的投影，并知边BC属于MN，完成其两面投影。

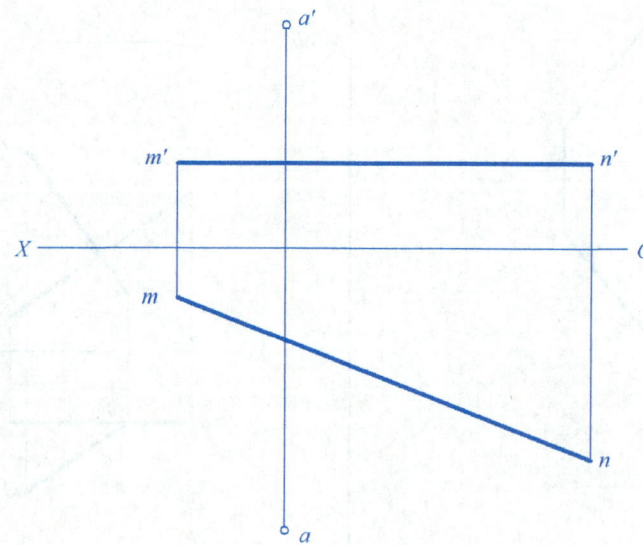

4-15 求作等腰直角△ABC的投影。已知顶点A属于EF，顶点B、C属于MN，且直角边AB是EF与MN的公垂线，∠ABC=90°。

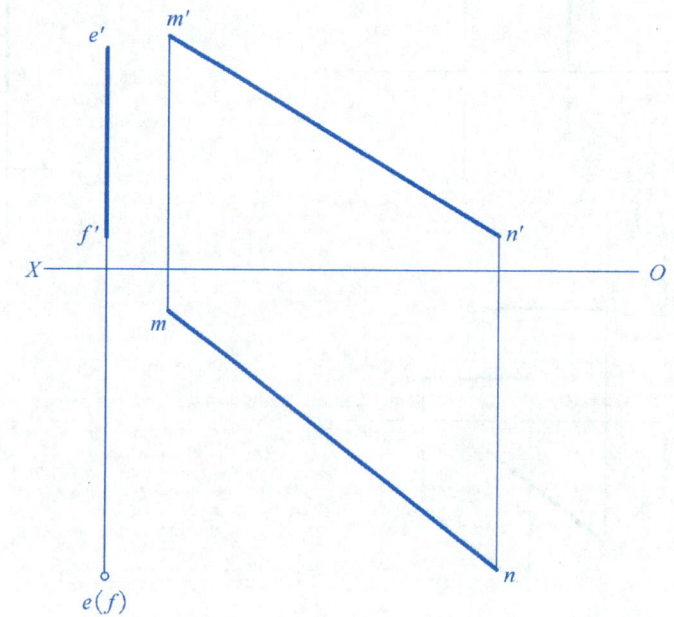

专业班级 _____ 姓名 _____ 学号 ____

5-1 由下列平面的两面投影，判别其对投影面的相对位置，并完成第三面投影。

（1）
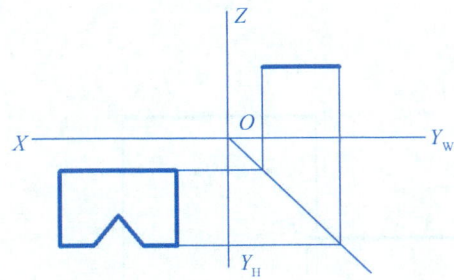

（2）
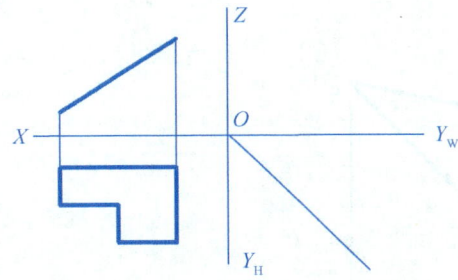

（3）
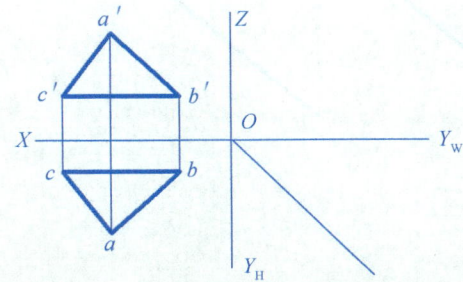

（4）
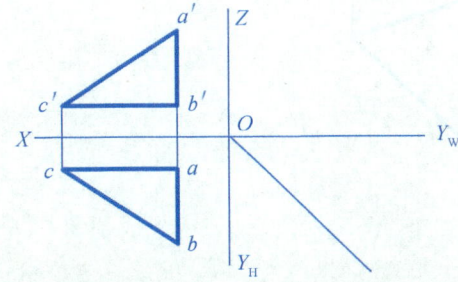

5-2 根据已知条件及具体要求，自行设计构造ABCD平面，补画其水平投影（有多解时只画一解）。

（1）ABCD平面为铅垂面，$\gamma = 60°$。
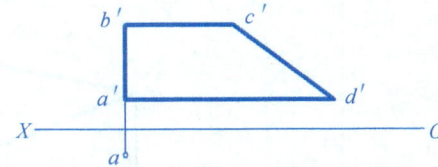

（2）ABCD平面为正平面。
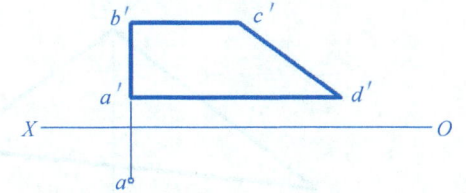

（3）ABCD平面为侧垂面，$\alpha = \beta$。
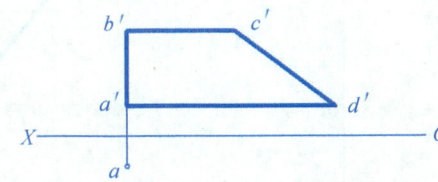

（4）ABCD平面为一般位置平面。
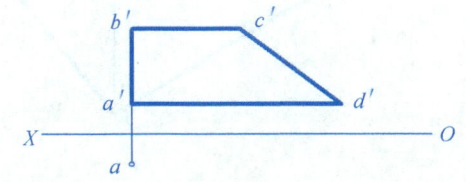

5-3 包含直线AB作投影面平行面或投影面垂直面（用迹线表示）。

（1）作水平面。
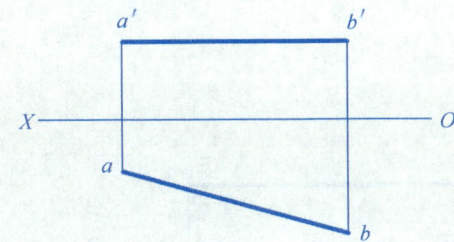

（2）作铅垂面。
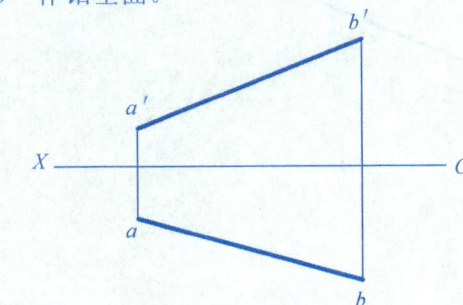

5-4 作出属于平面上的点K及直线EF的另一个投影。
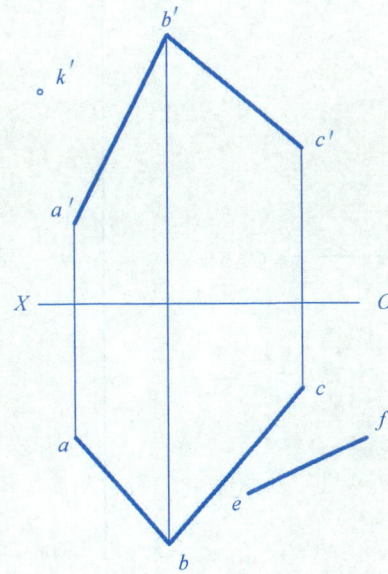

5-5 根据平面图形的水平投影，完成平面图形的正面投影。

（1）

（2）
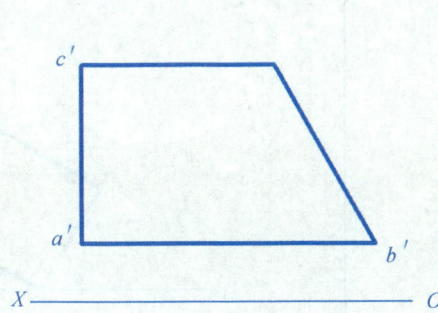
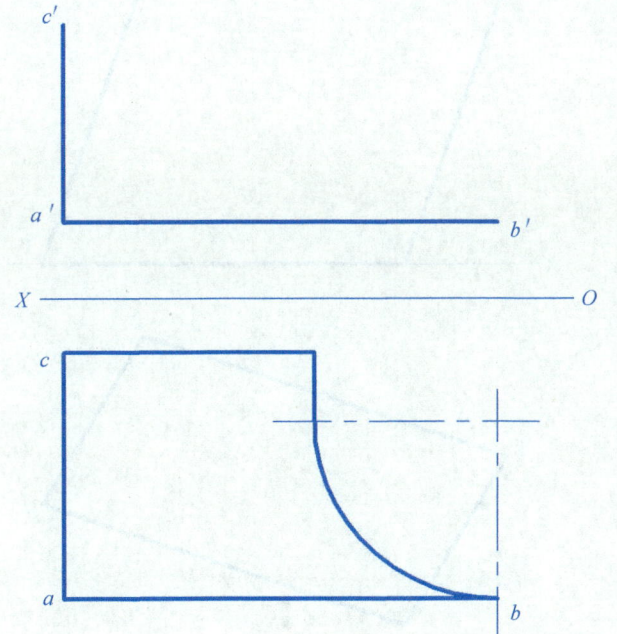

5-6 在△ABC平面内确定点K，使点K在H面之上15、在V面之前20。

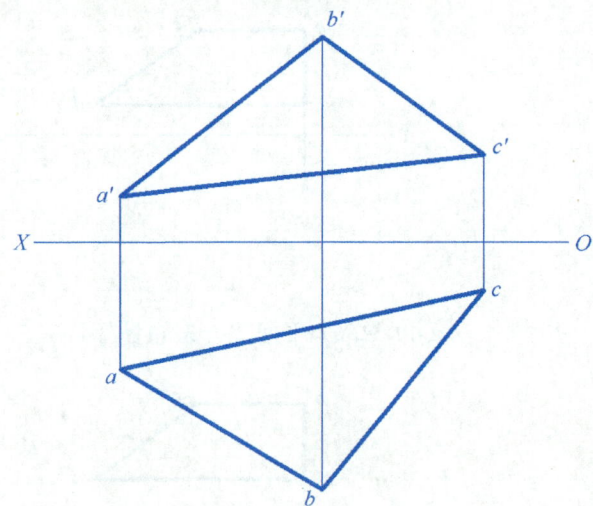

5-7 求作下列平面对指定投影面的倾角。
（1）作平面对H面的倾角α。

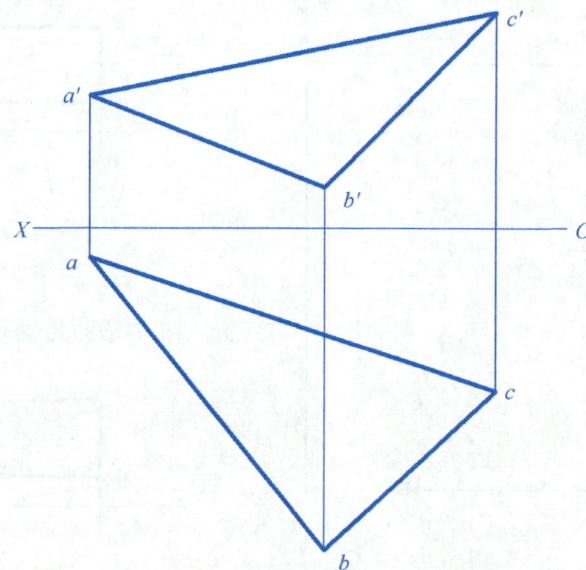

（2）作平面对V面的倾角β。

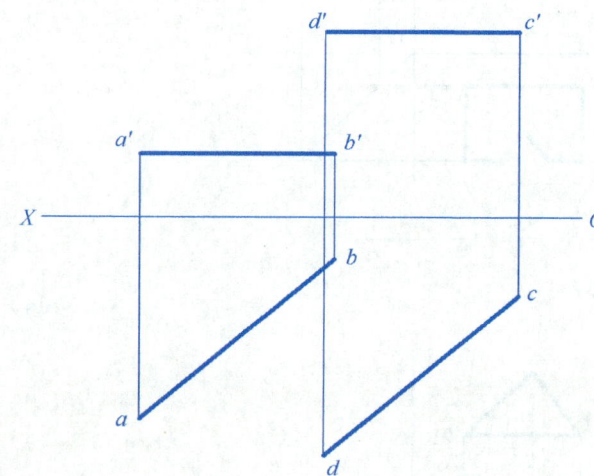

5-8 小球M从斜坡平面滚下，作出它的轨迹。

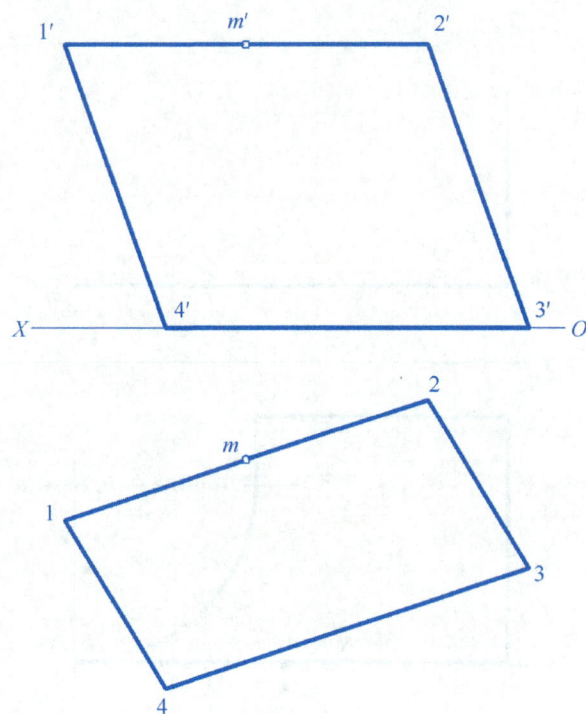

5-9 已知正方形ABCD的正面投影及点A的水平投影，完成正方形的水平投影。

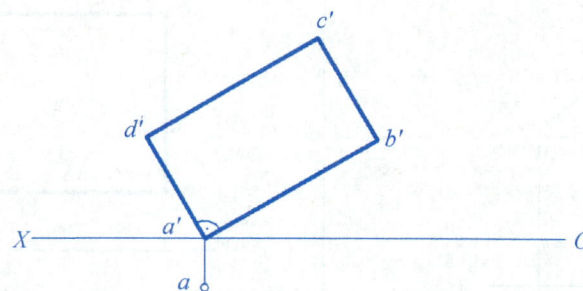

5-10 已知等腰△ABC平面对H面的倾角α=45°、底边AB为水平线、高为40，完成该平面的投影。

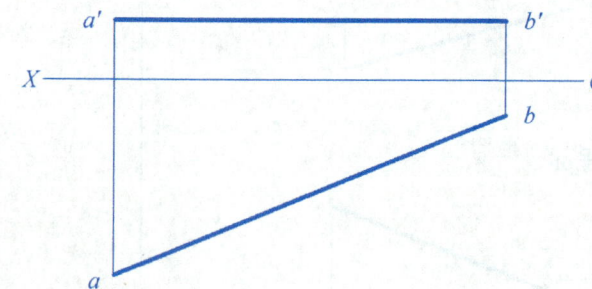

专业班级 _____ 姓名 _____ 学号 ____

6-1　判别直线与平面是否平行。

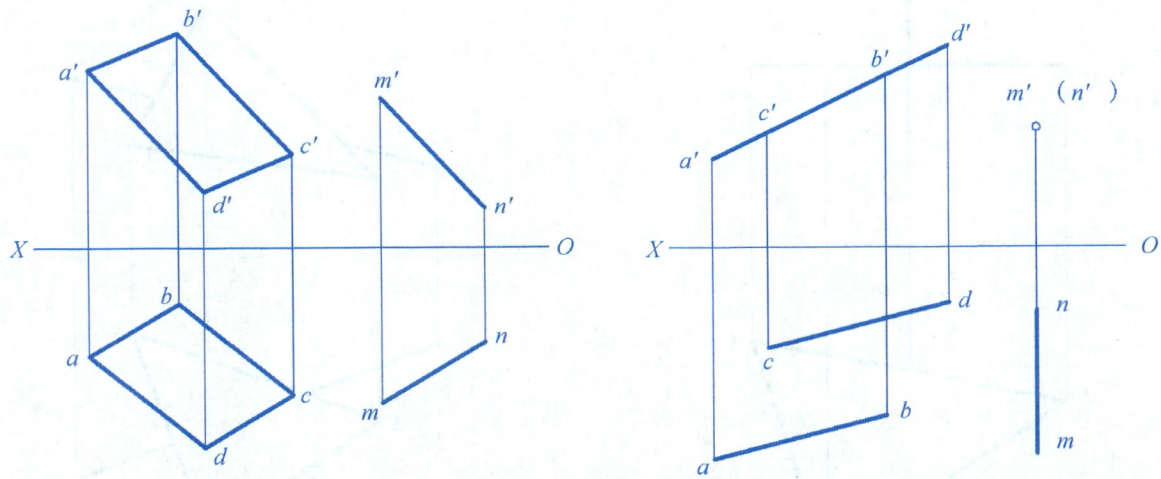

_____

6-2　过点M作直线MN与平面△ABC和H面均平行，且MN=15。

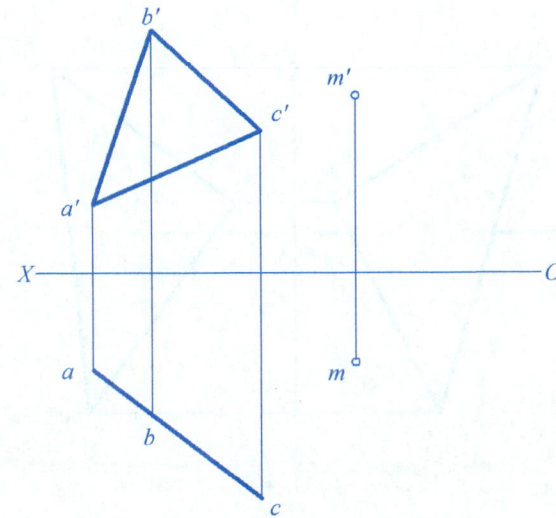

_____

6-3　已知直线MN与平面△ABC平行，完成△ABC的水平投影。

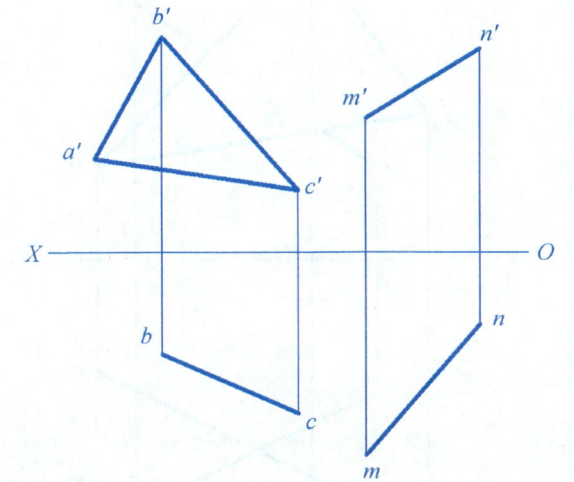

6-4　判别两平面是否平行。

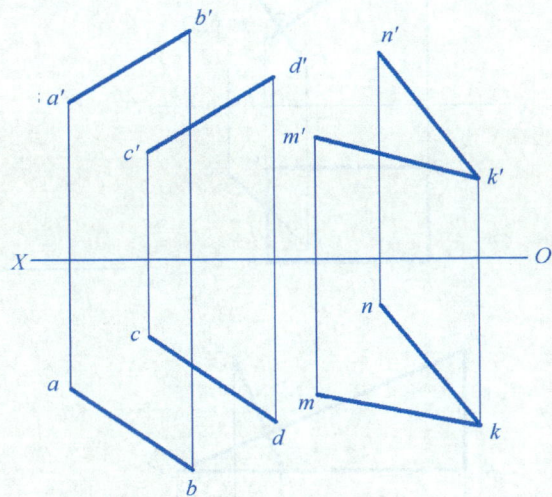

_____

6-5　已知平面△ABC与交叉两直线DE、FG平行，完成△ABC的水平投影。

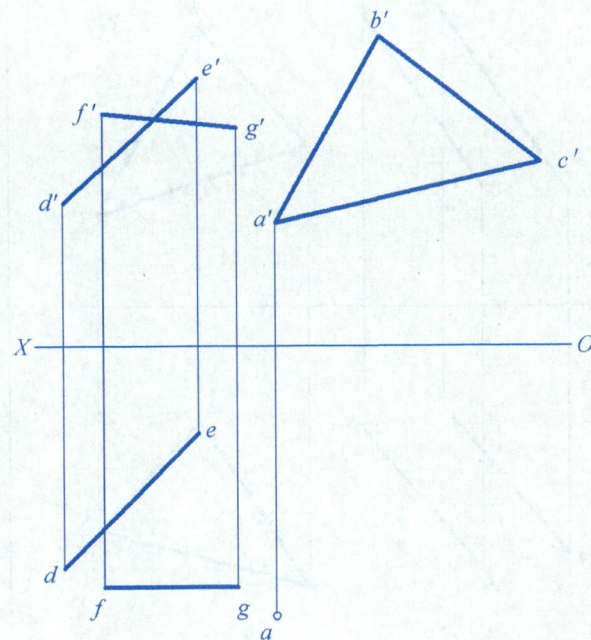

6-6　已知直线EF=25，点F在点E之上，且EF与平面△ABC平行，完成它们的另一投影。

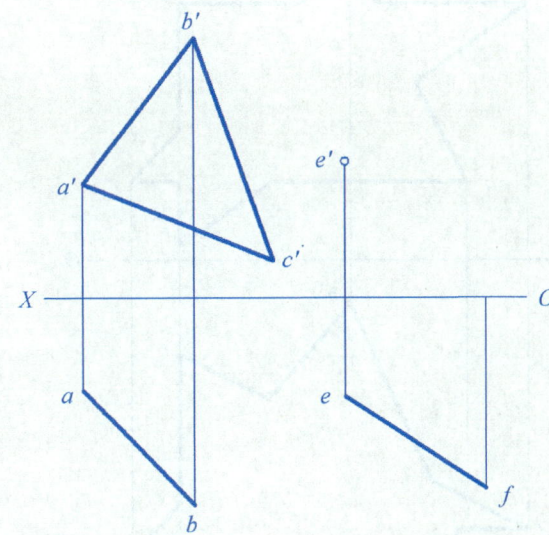

6-7　已知直线MN和平面△ABC与相交两直线DE、FG确定的平面均平行，完成MN和△ABC的另一投影。

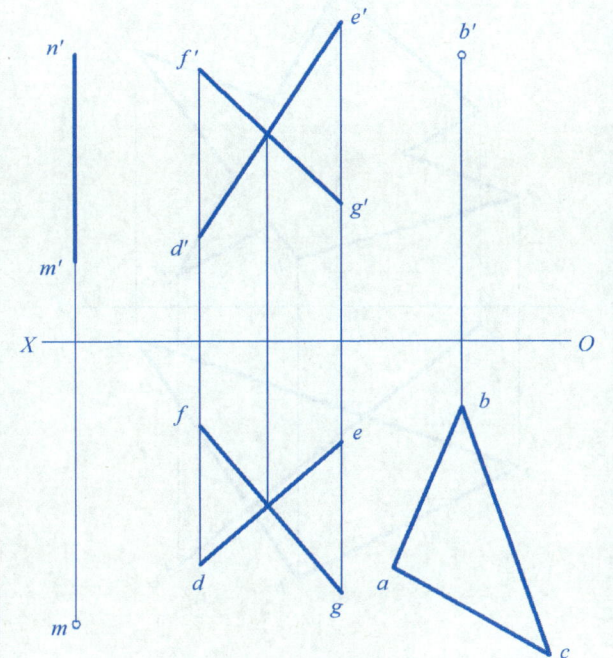

6-8 求直线EF与平面△ABC的交点K,并判别可见性。

(1)

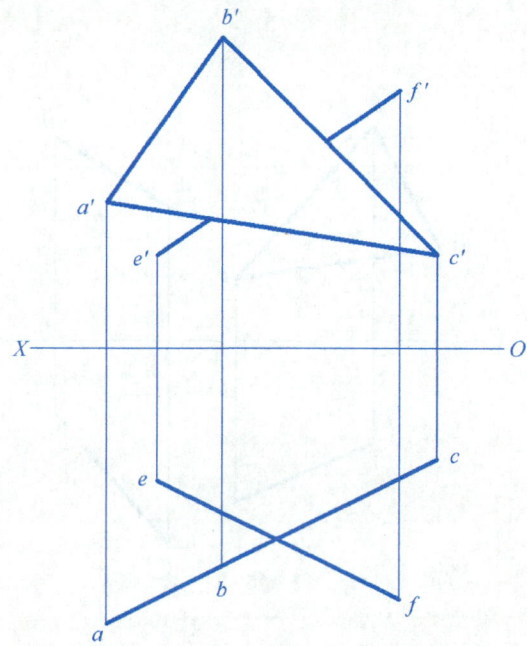

(2)

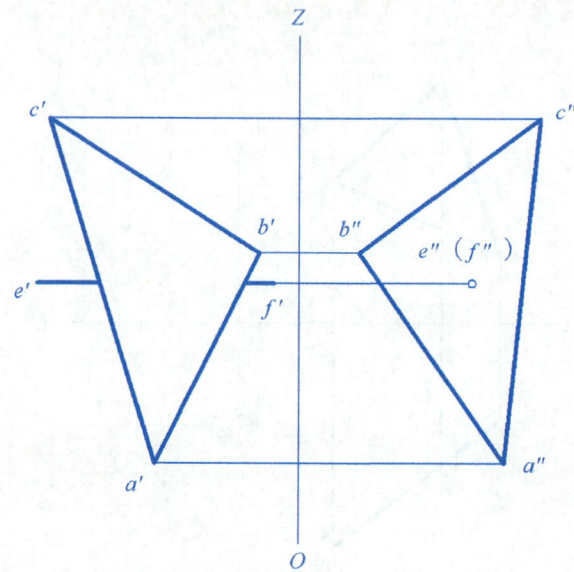

(3)

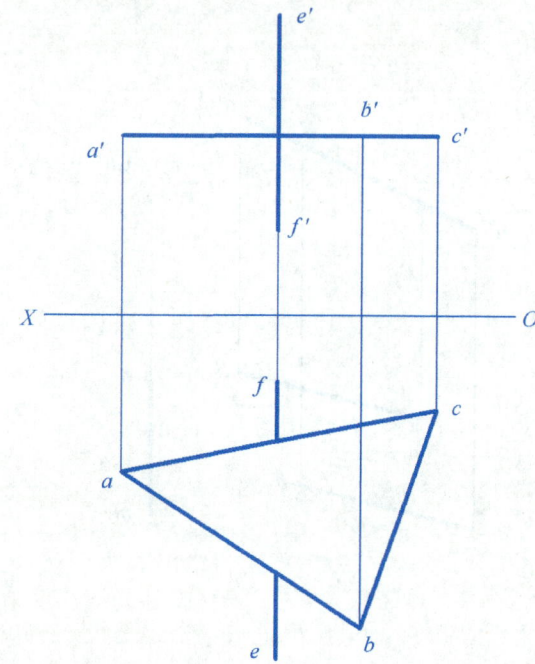

(4)

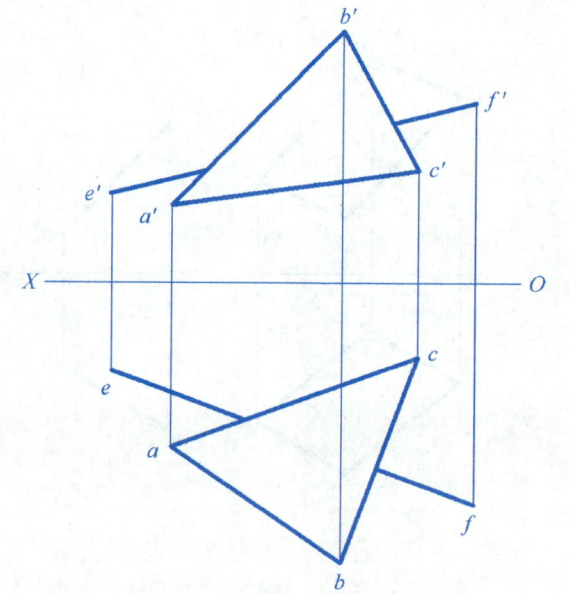

6-9 求两平面的交线MN,并判别可见性。

6-10 判别直线与平面是否垂直。

(1)

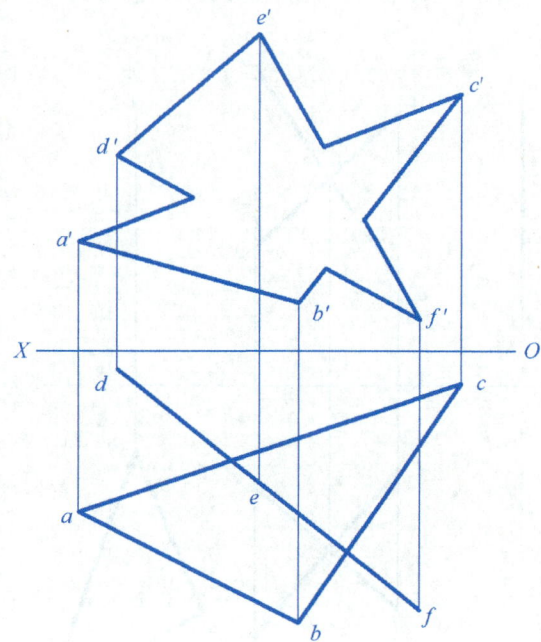

(2)

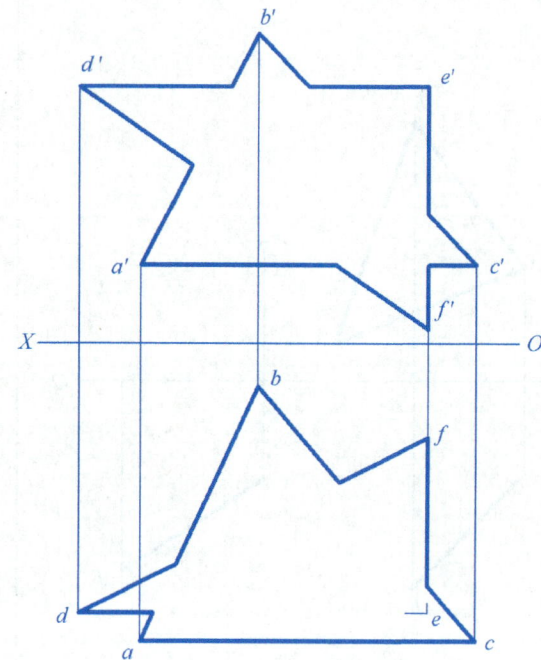

(3)

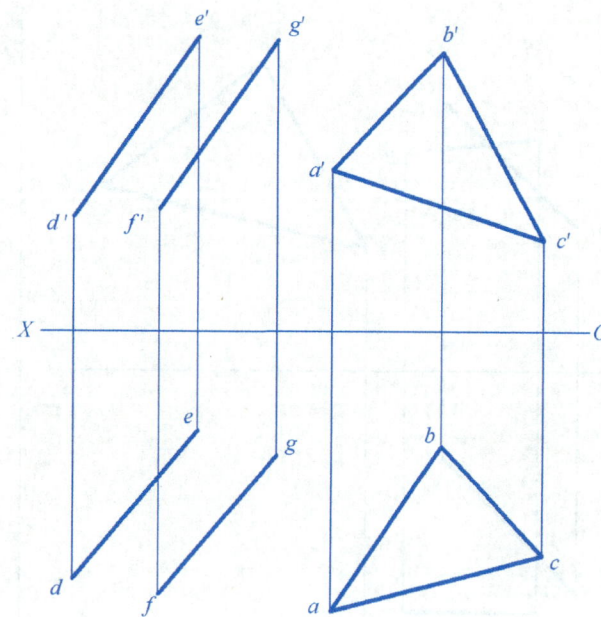

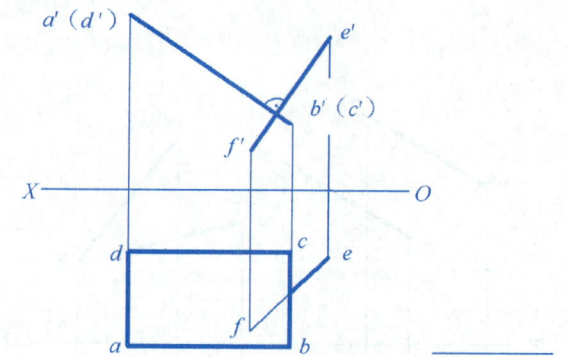

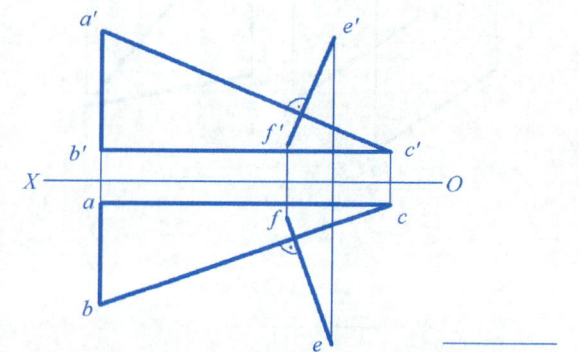

6-11 过点K作平面与直线AB垂直。

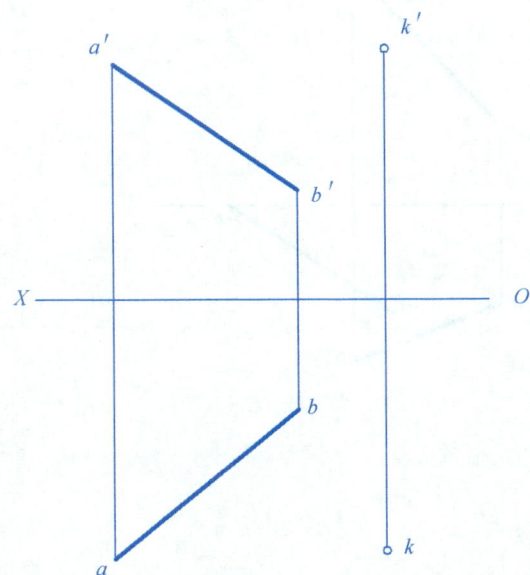

6-12 过点K作平面△ABC的垂线KN,并求出垂足N。

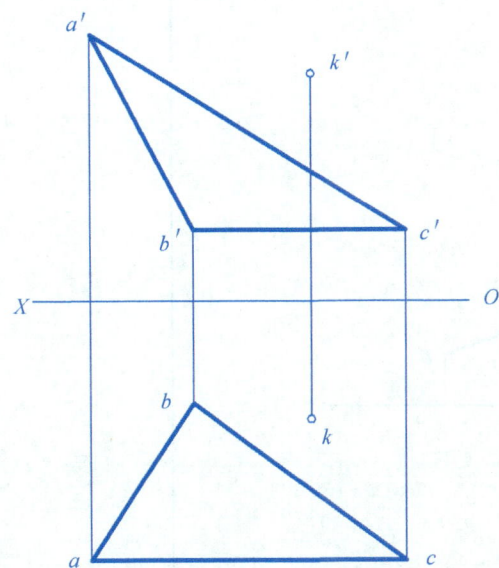

6-13 已知点M到正垂面△ABC的距离MN为30,完成MN及△ABC的两面投影。

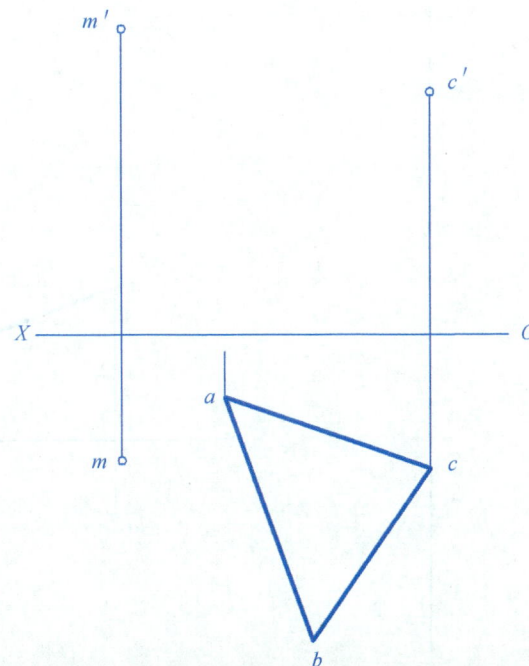

6-14 判别两平面是否垂直。

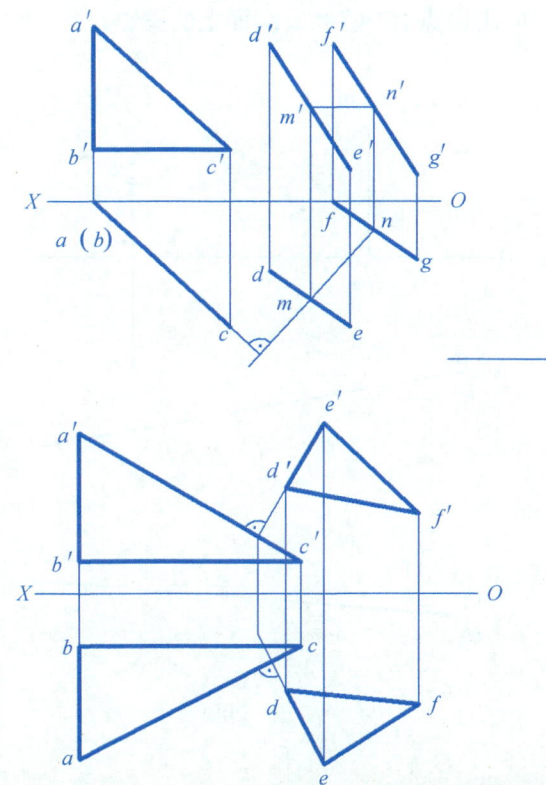

6-15 已知平面△ABC与△DEF垂直,完成△DEF的水平投影。

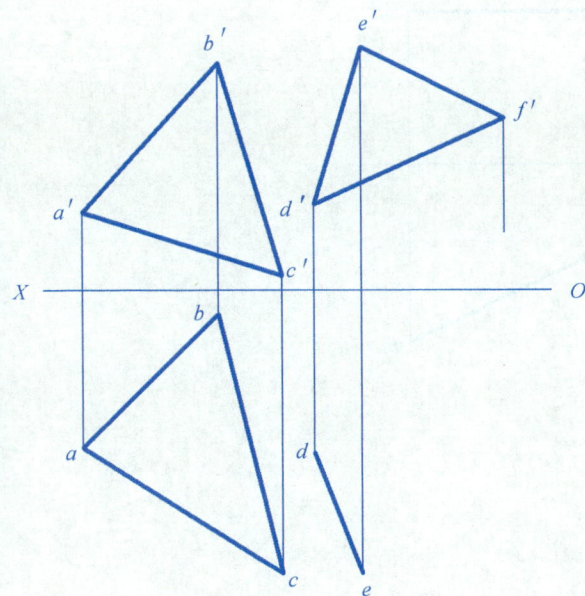

6-16 已知BC为等腰△ABC的底边,完成△ABC的正面投影。

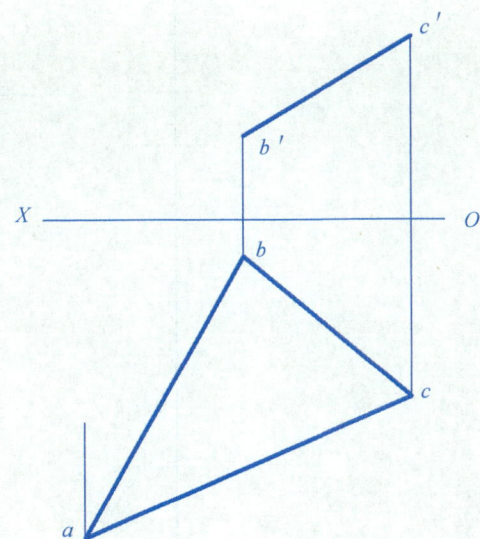

6-17 已知直线AB与CD垂直相交,完成CD的水平投影。

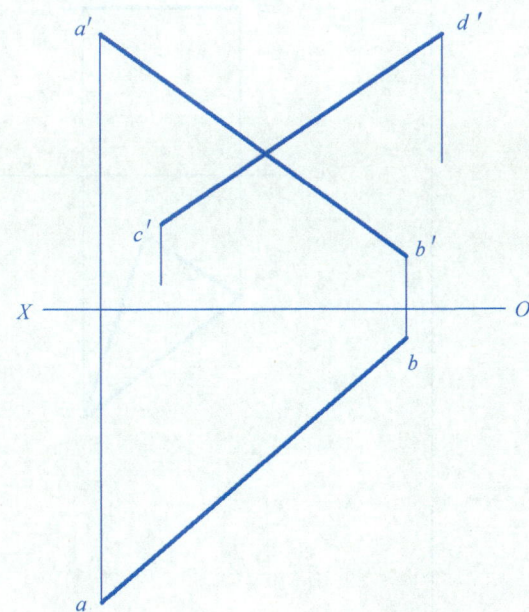

6-18 作直线KL与平面△ABC垂直,并与交叉两直线EF、MN相交。

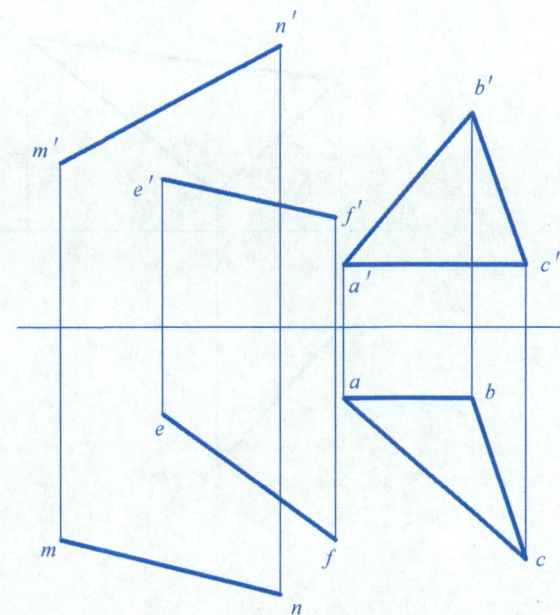

7-1 求出点A和B在V_1、H_2面上的投影。

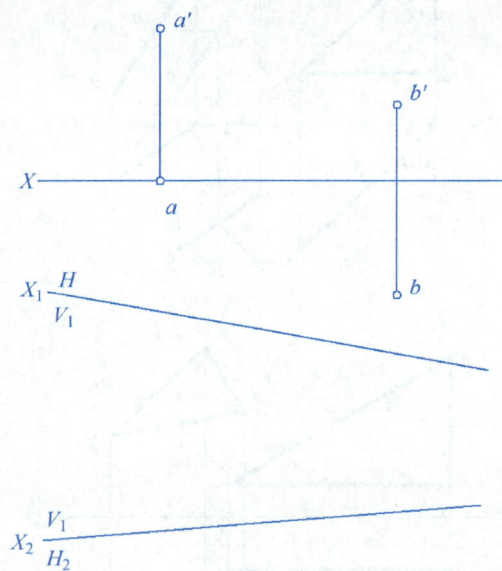

7-2 已知直线AB对V面的倾角 $\beta=30°$，求直线AB的水平投影。

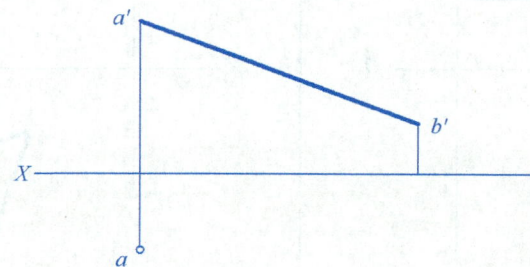

7-3 已知直线AB与CD相交成直角，求直线CD的正面投影。

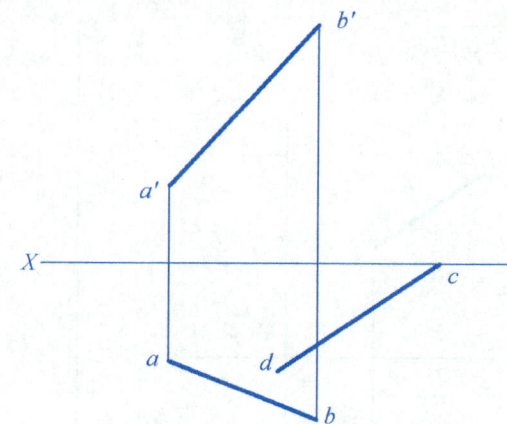

7-4 已知AB为等腰△ABC的底边，完成其水平投影。

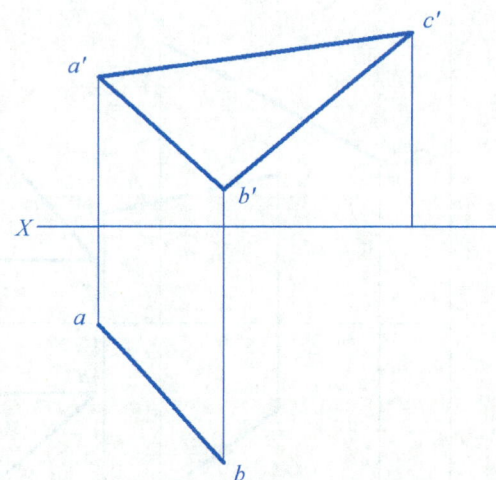

7-5 已知点D到平面△ABC的距离为12，求△ABC的正面投影。

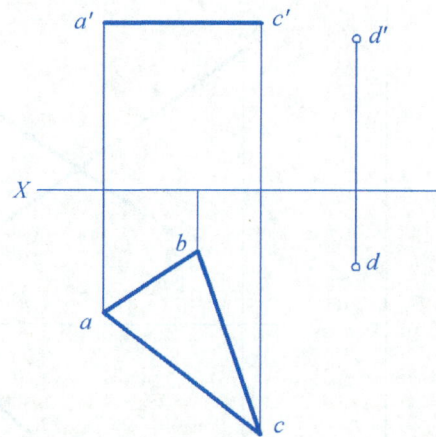

7-6 已知矩形的长边AB为水平线，短边BC长为25且位于AB的前下方，该平面对H面的夹角 $\alpha=30°$，完成其两面投影。

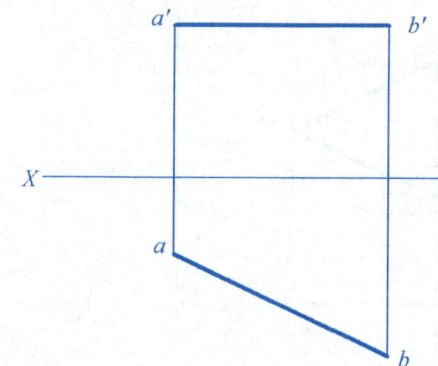

7-7 求点M到直线AB的距离及其投影。

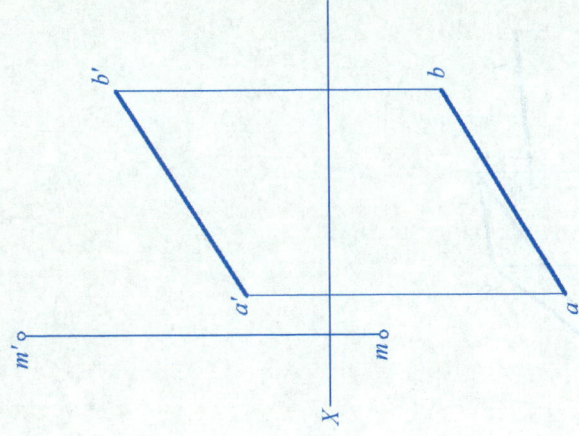

7-8 已知点K到平面△ABC的距离为12，求点K的正面投影。

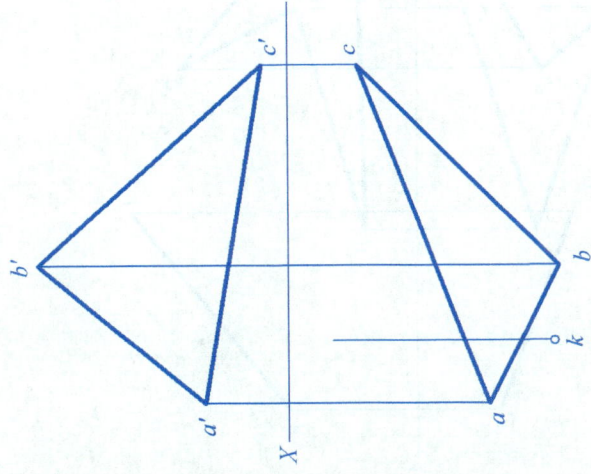

7-9 在直线MN上求出与直线AB、CD距离相等的点K。

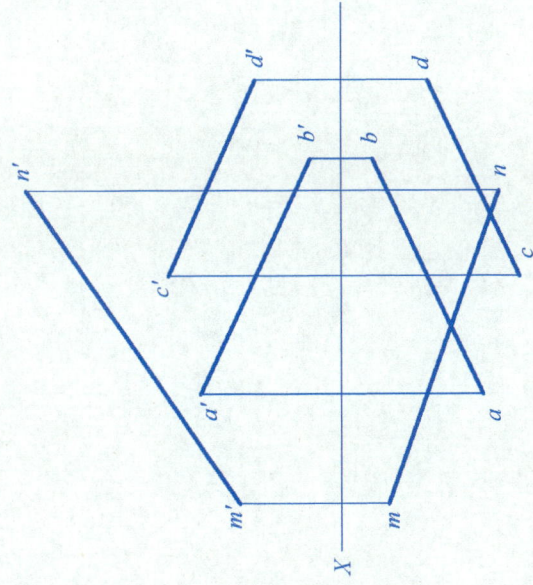

7-10 求交叉两直线AB、CD公垂线EF的两面投影。

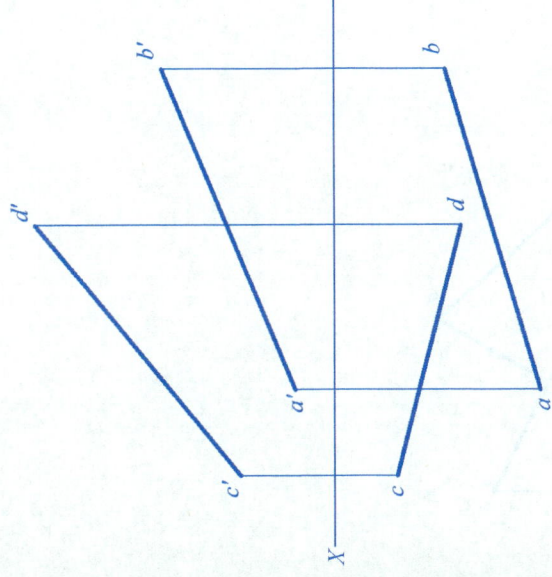

7-11　过点C作直线与已知直线AB相交成60°角。

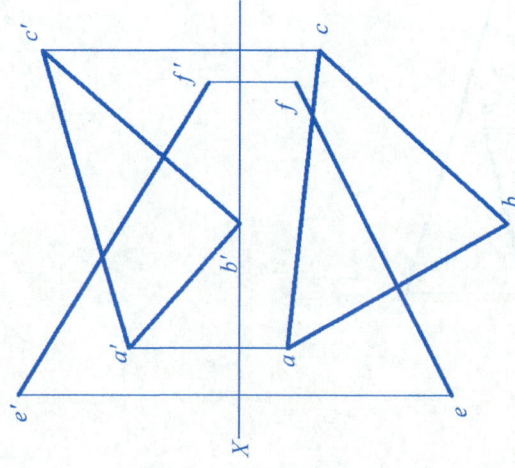

7-12　在平面△ABC内，作一直线MN与直线EF垂直相交于点K。

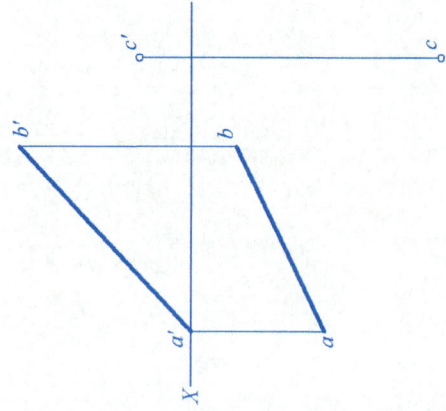

7-13　求直线EF与平面△ABC之间的夹角θ。

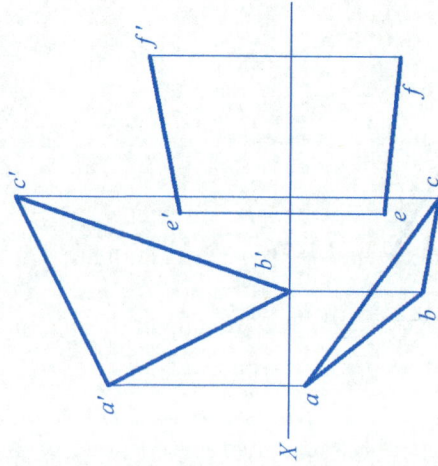

7-14　在直线EF上求出与平面△ABC、△BCD等距离的点K。

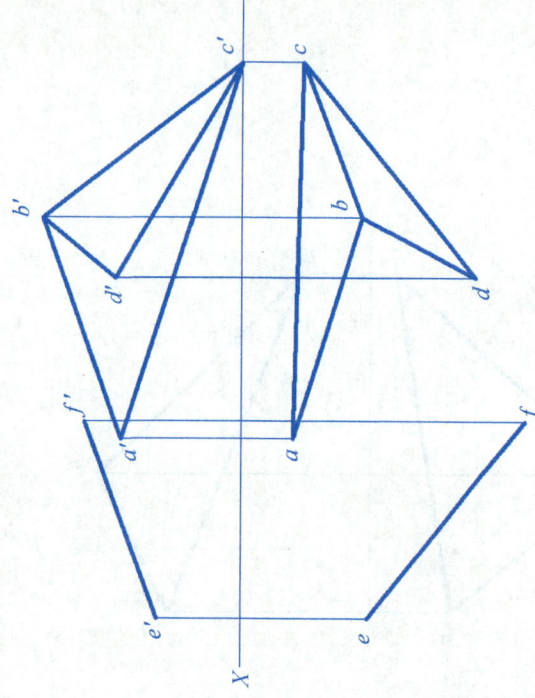

　专业班级 _____ 姓名 _____ 学号 _____

8-1　补全平面立体及其表面上点、线的三面投影。

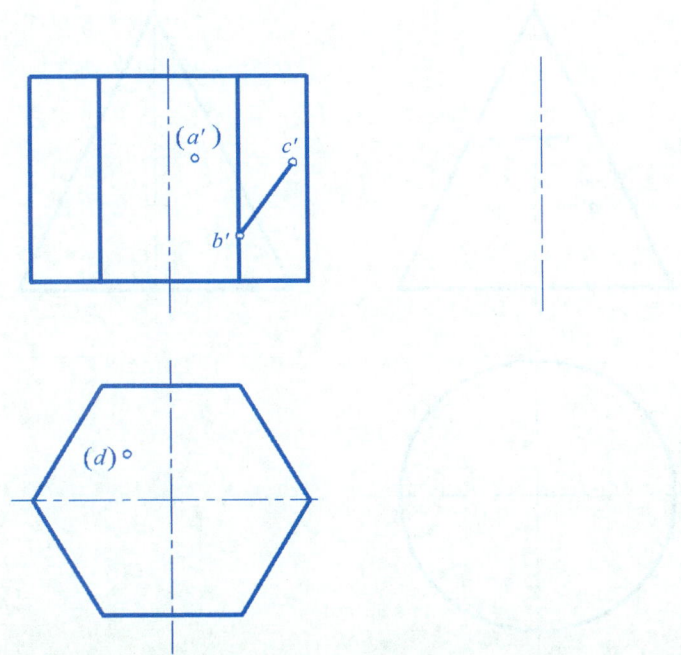

8-2　正五棱柱高40mm，已知其侧面投影，求其正面及水平投影。

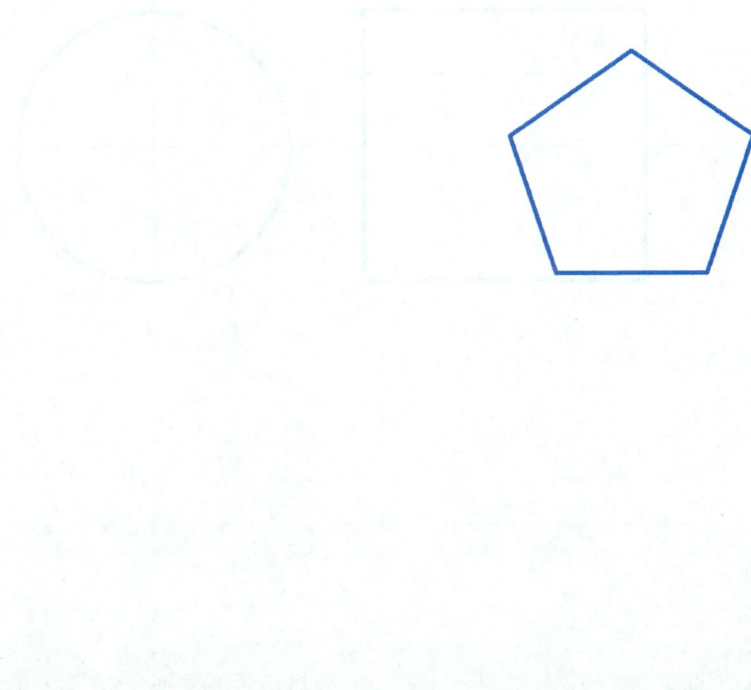

8-3　补全三棱柱表面的点和线的另一面投影。

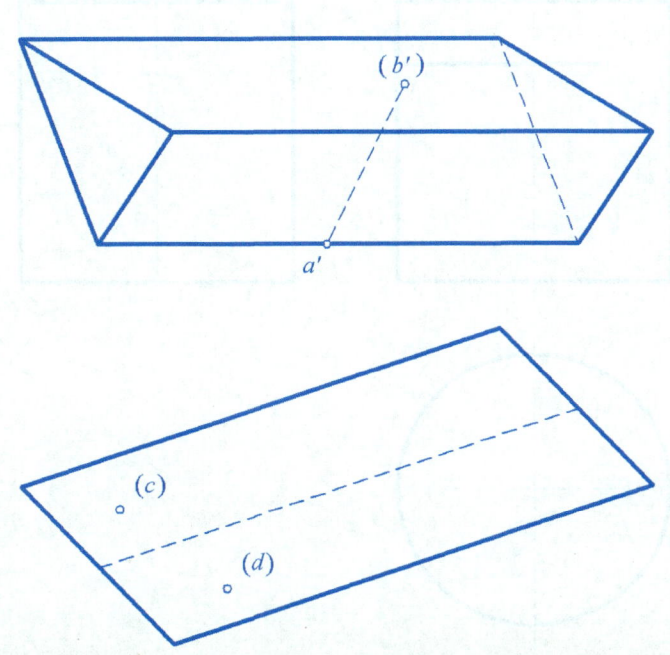

8-4　补全平面立体及其表面上点、线的三面投影。

（1）

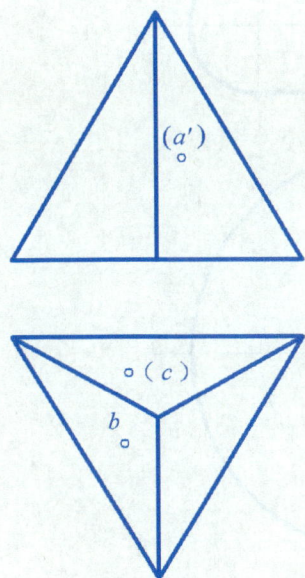

（2）

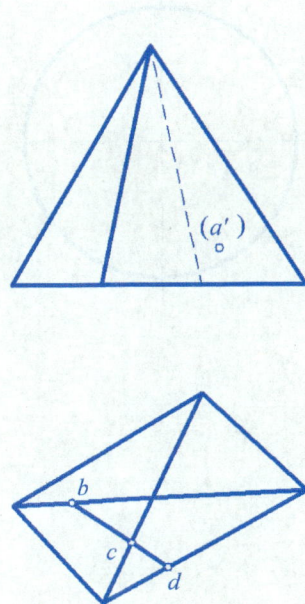

（3）

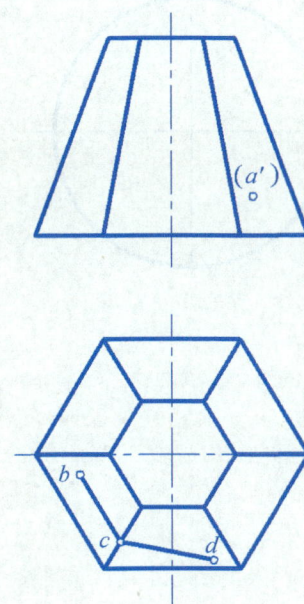

8-5 作出圆柱上点及线的其他投影。

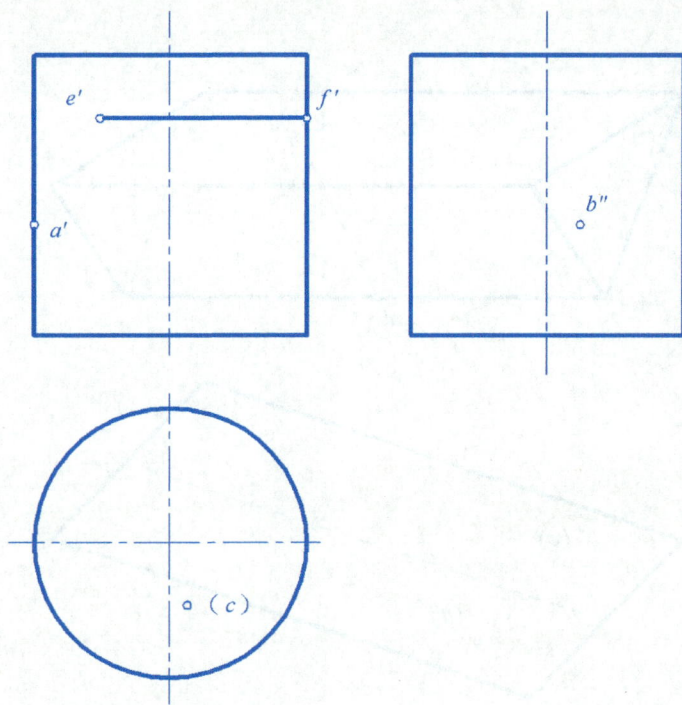

8-6 完成圆柱的水平投影, 并作出圆柱上线的其他投影。

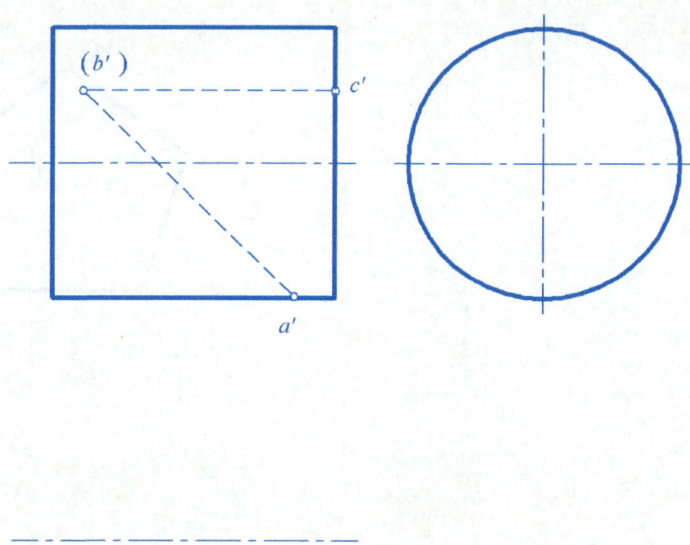

8-7 作出圆锥上点及线的其他投影。

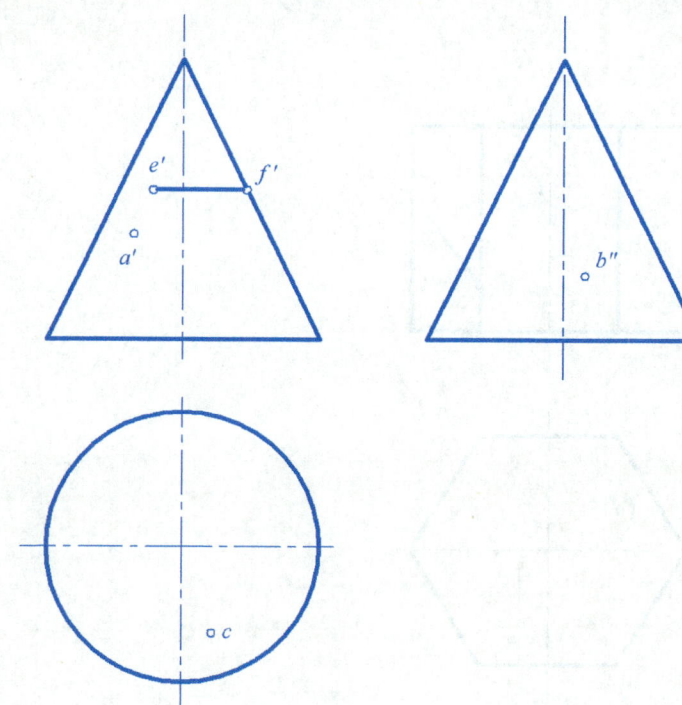

8-8 完成圆锥的水平投影, 并作出圆锥上线的其他投影。

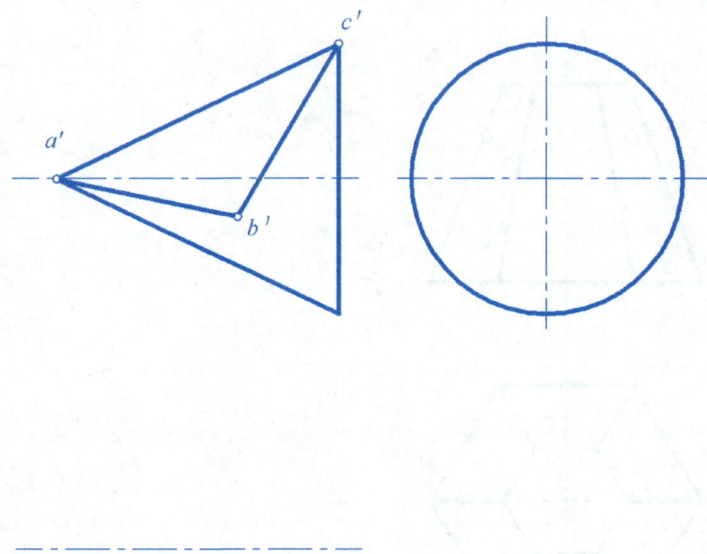

8-9 完成圆球上点的其他投影。

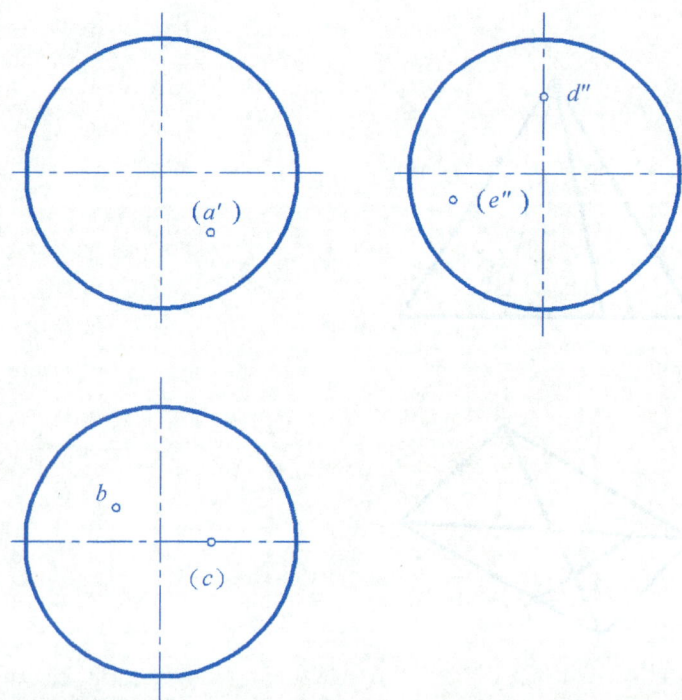

8-10 完成圆环上线 AB 的正面投影。

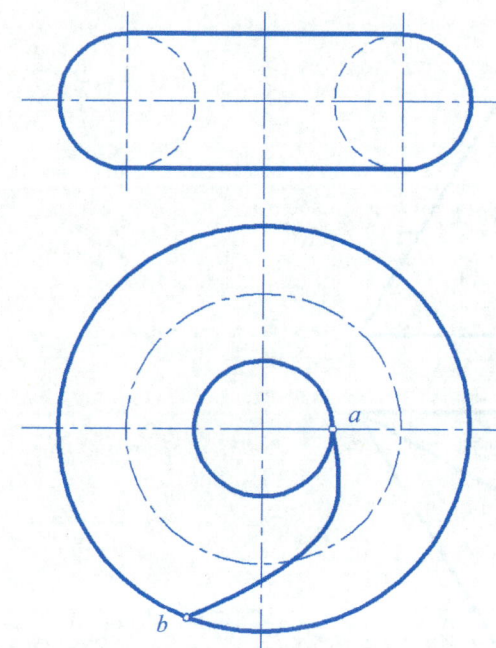

专业班级 _____ 姓名 _____ 学号 ____

9-1　完成截切立体的水平投影。

9-2　完成截切立体的水平和侧面投影。

9-3　补全棱锥截切后的水平投影。

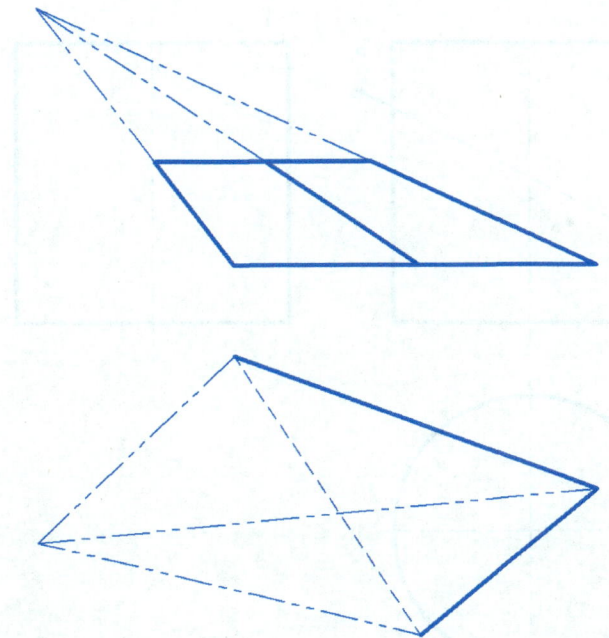

9-4　完成立体被截切后的水平投影和侧面投影。

（1）

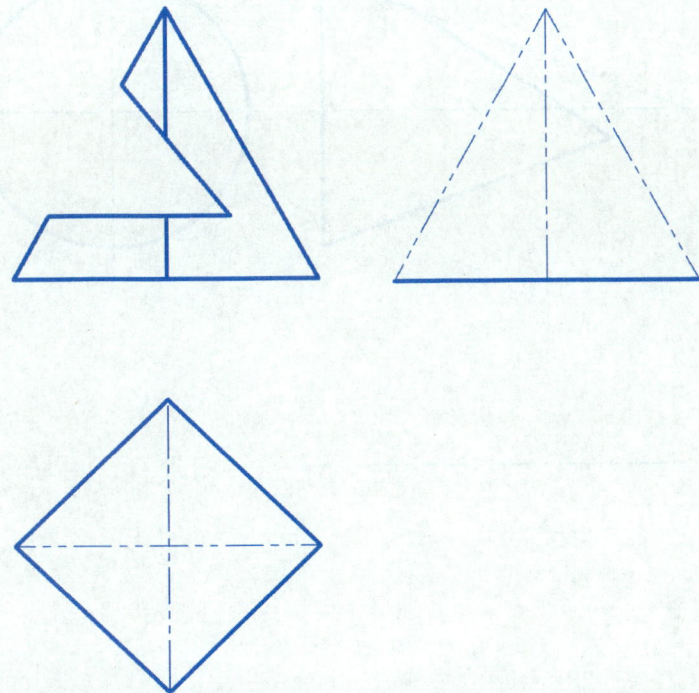

（2）

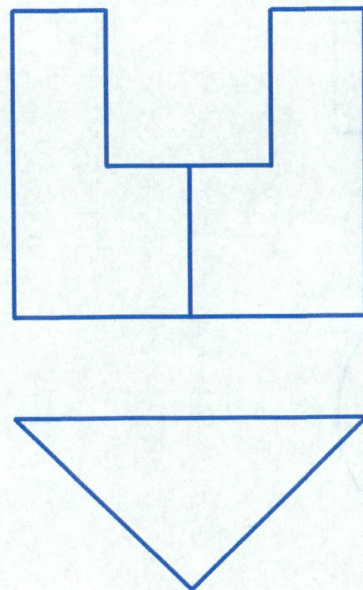

（3）

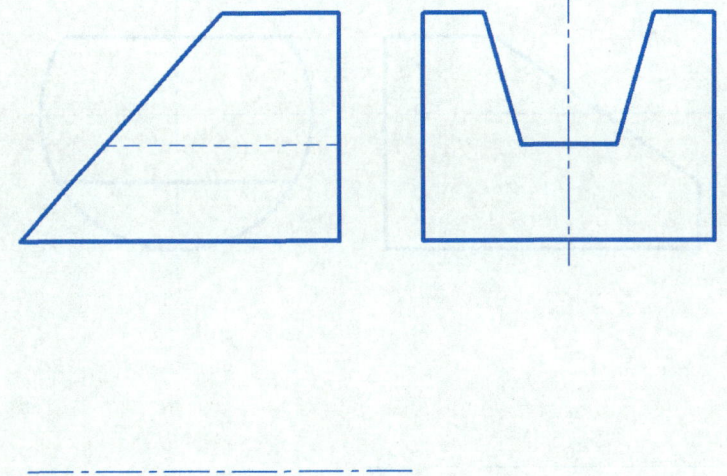

9-5 求平面P与立体的截交线。

(1)

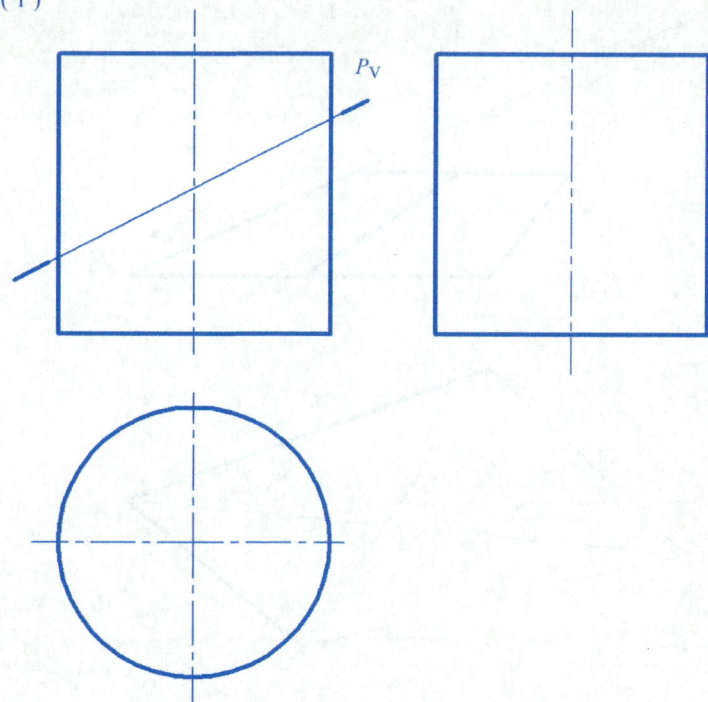

(2)

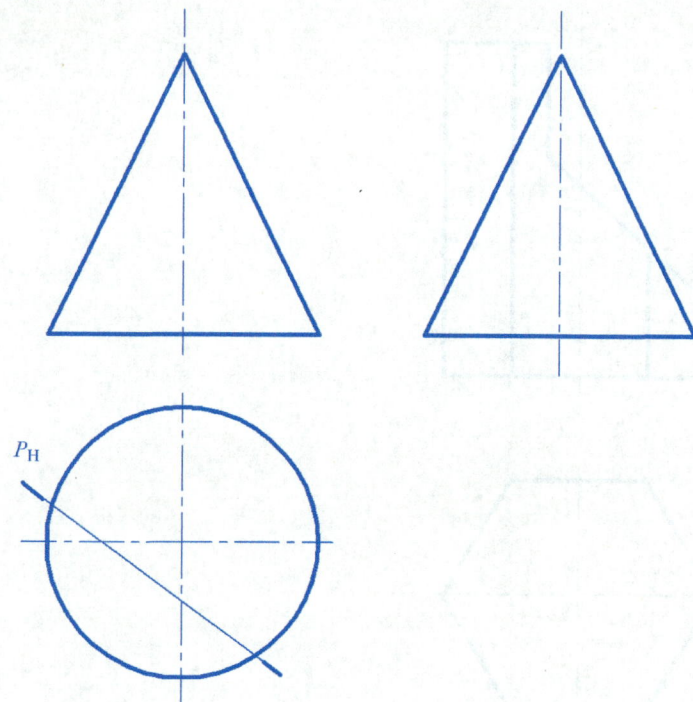

(3)

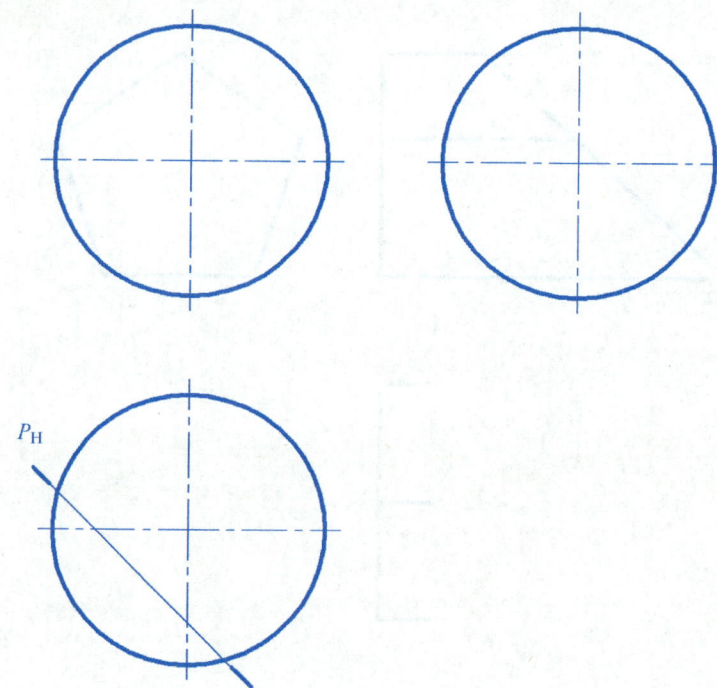

9-6 完成圆柱被截切后的水平投影。

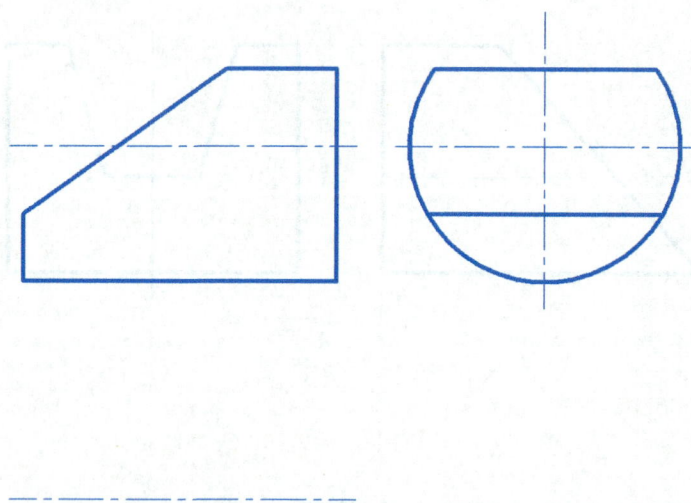

9-7 完成圆柱被截切后的侧面投影。

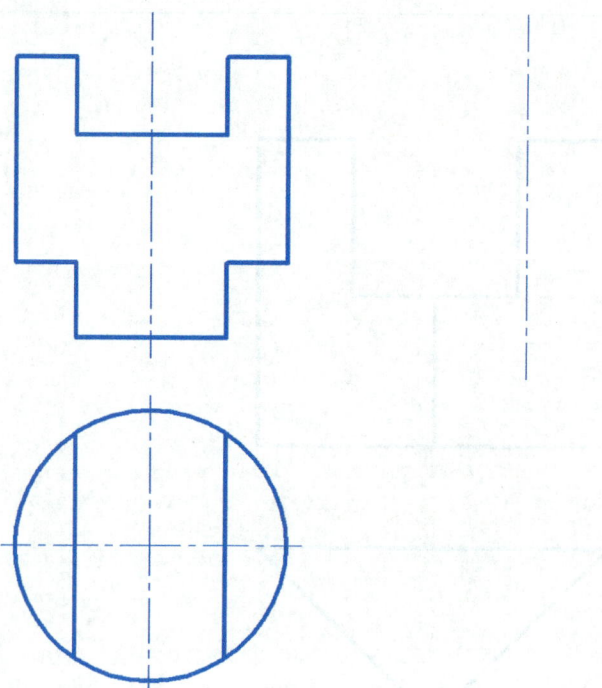

9-8 完成圆锥被截切后的水平和侧面投影。

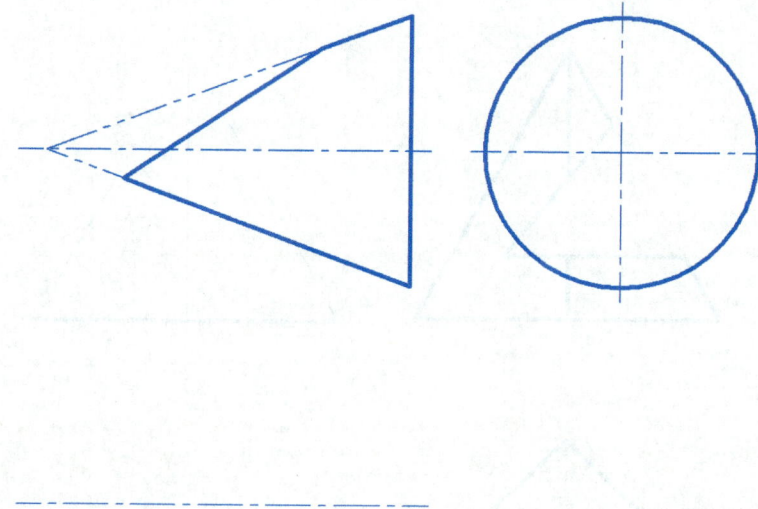

专业班级 _____ 姓名 _____ 学号 ____

9-9 完成圆锥被截切后的水平和侧面投影。

9-10 完成圆球被截切后的水平和侧面投影。

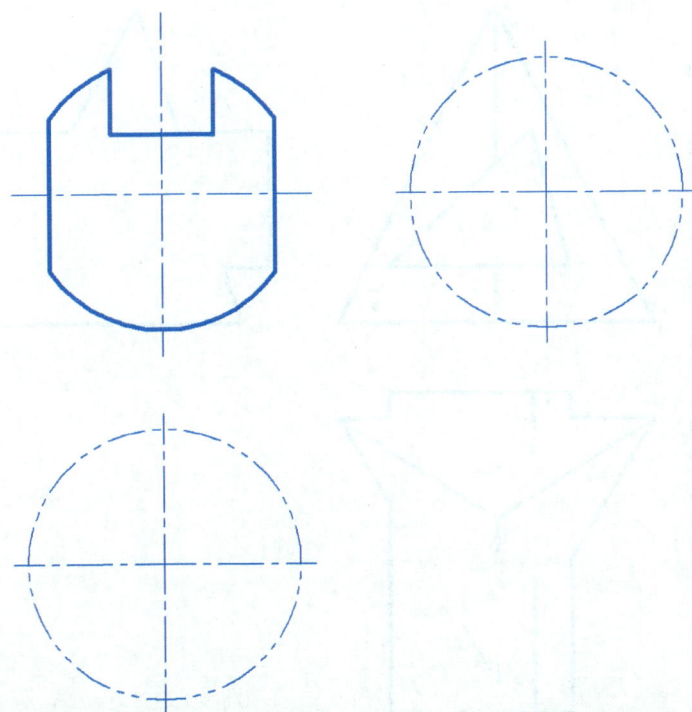

9-11 完成圆管被截切后的水平和侧面投影。

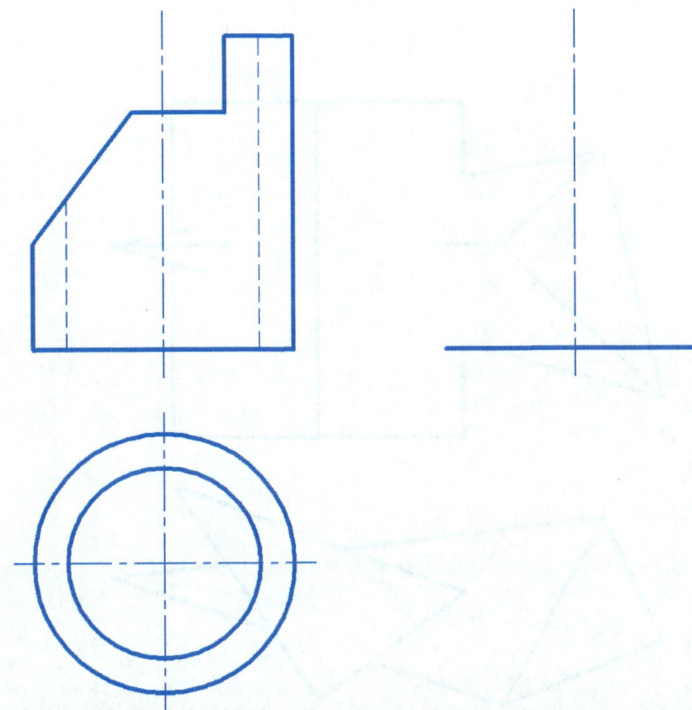

9-12 作出直线与立体的贯穿点。

（1）

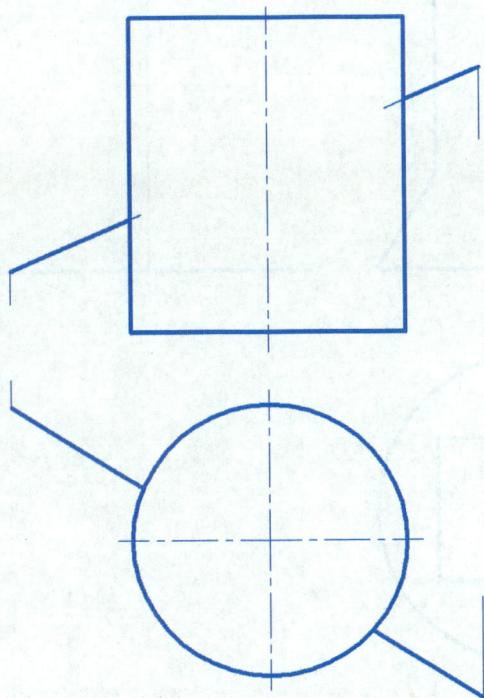

（2）

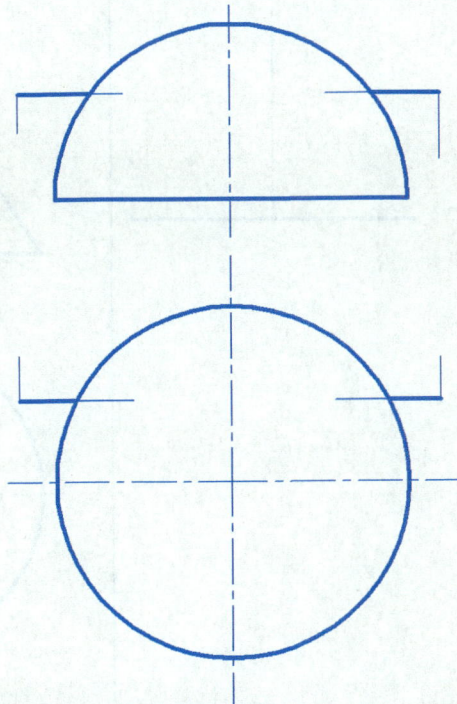

（3）

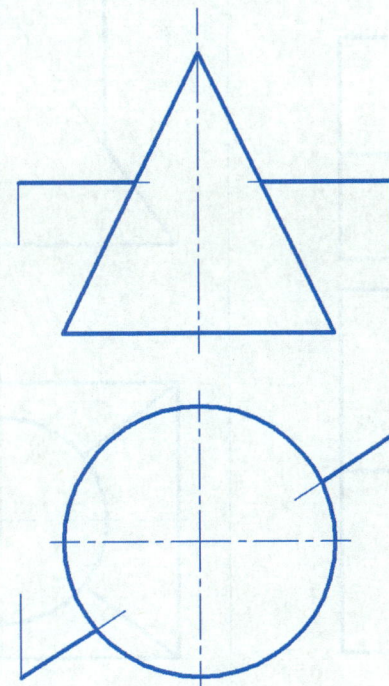

（4）

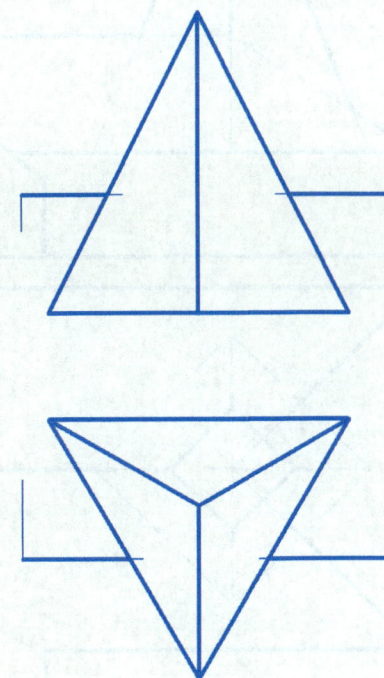

10-1 作出三棱柱与三棱锥的相贯线，并判断可见性。

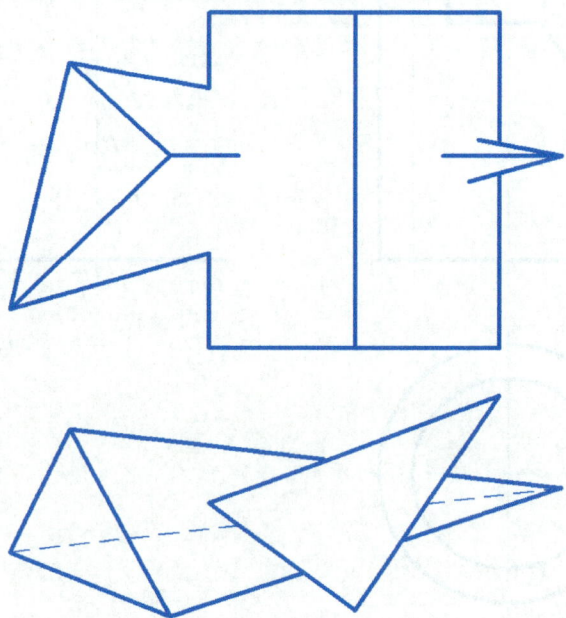

10-2 作出两平面立体的相贯线，判别可见性。

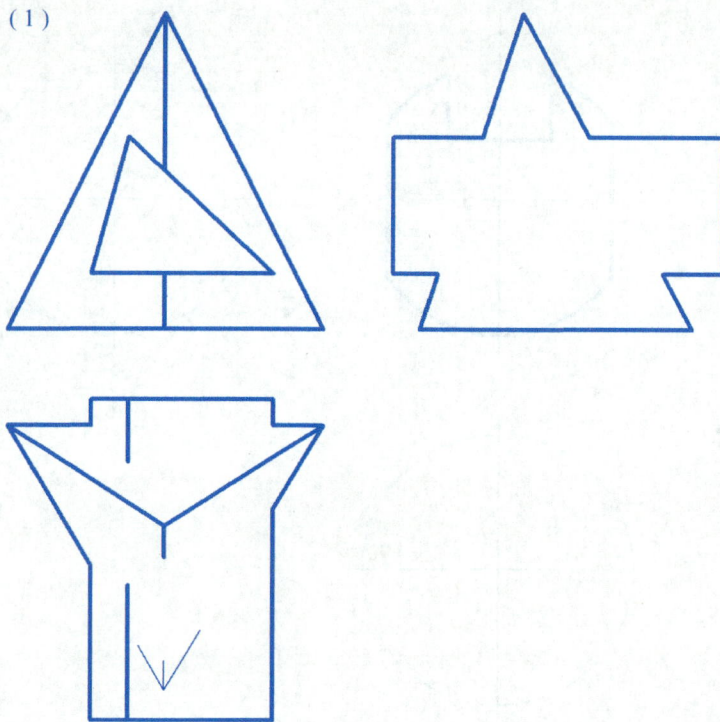

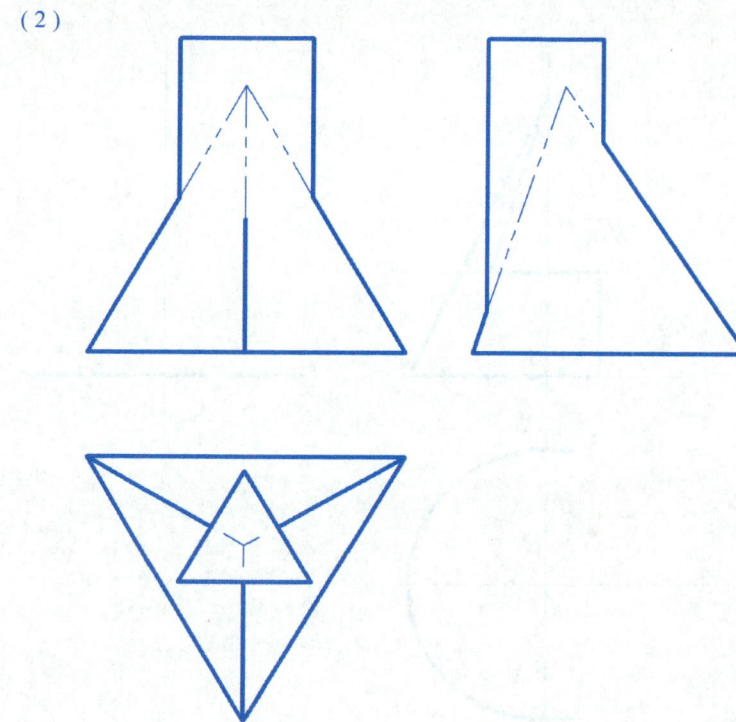

(1)

(2)

10-3 作出四棱台与屋面以及屋面与屋面交线的投影。

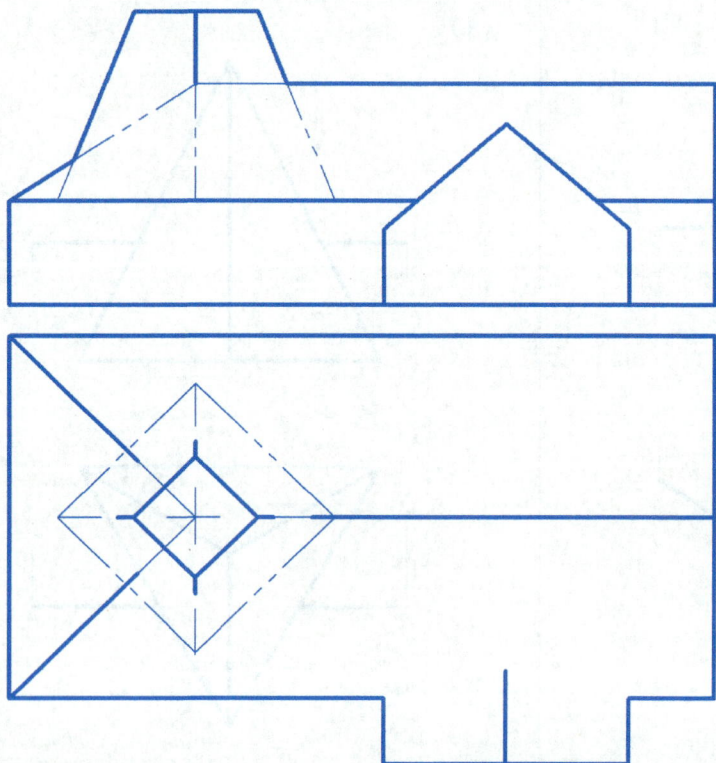

10-4 作出柱与锥相贯线，并判别可见性。

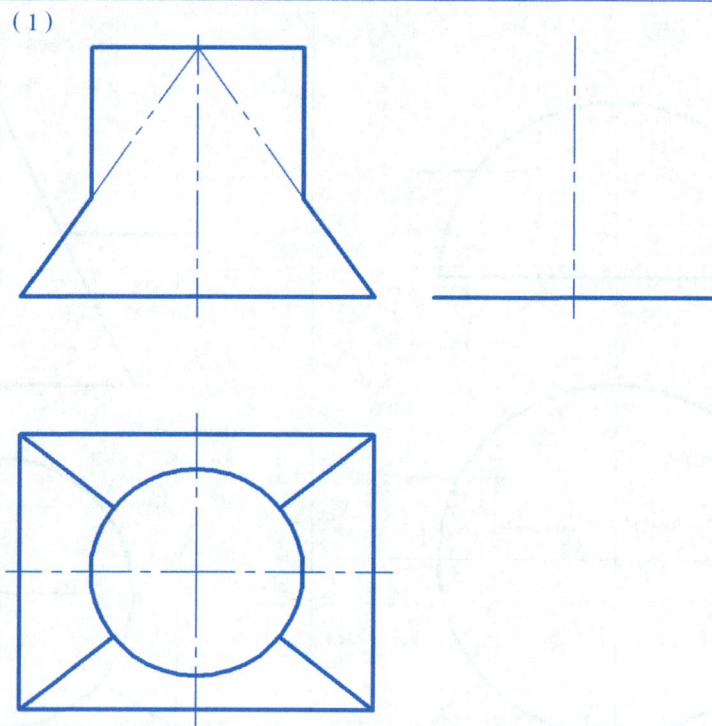

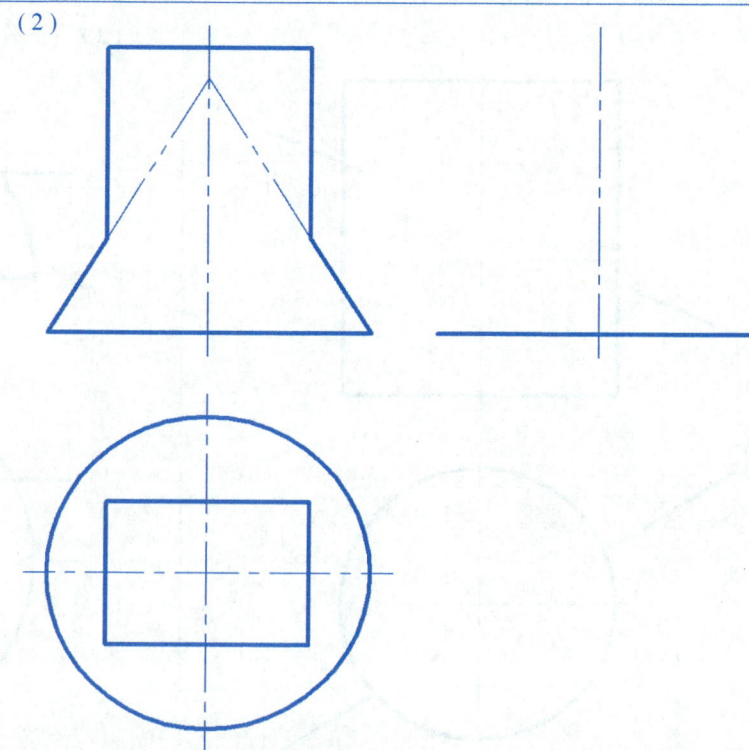

(1)

(2)

专业班级 _____ 姓名 _____ 学号 ____

10-5 作出三棱柱与半球的相贯线，并判断可见性。

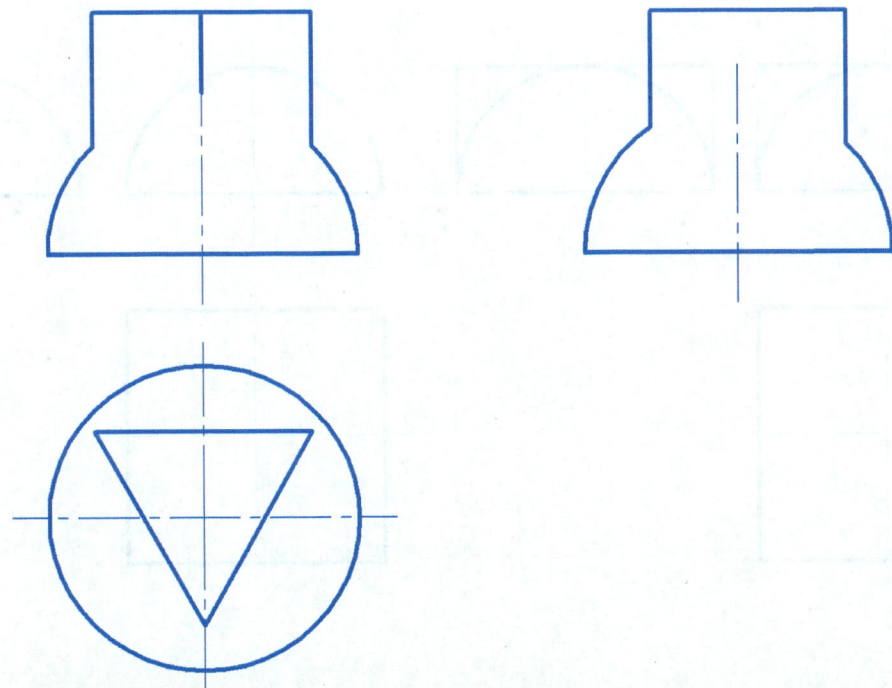

10-6 作出三棱柱与圆锥的相贯线，并判断可见性。

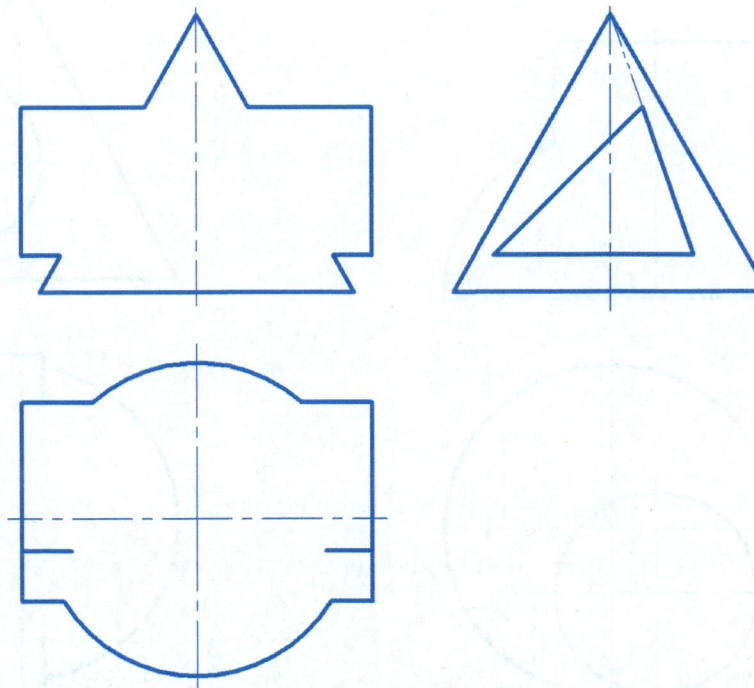

10-7 作出四棱柱与圆锥台的相贯线，并判断可见性。

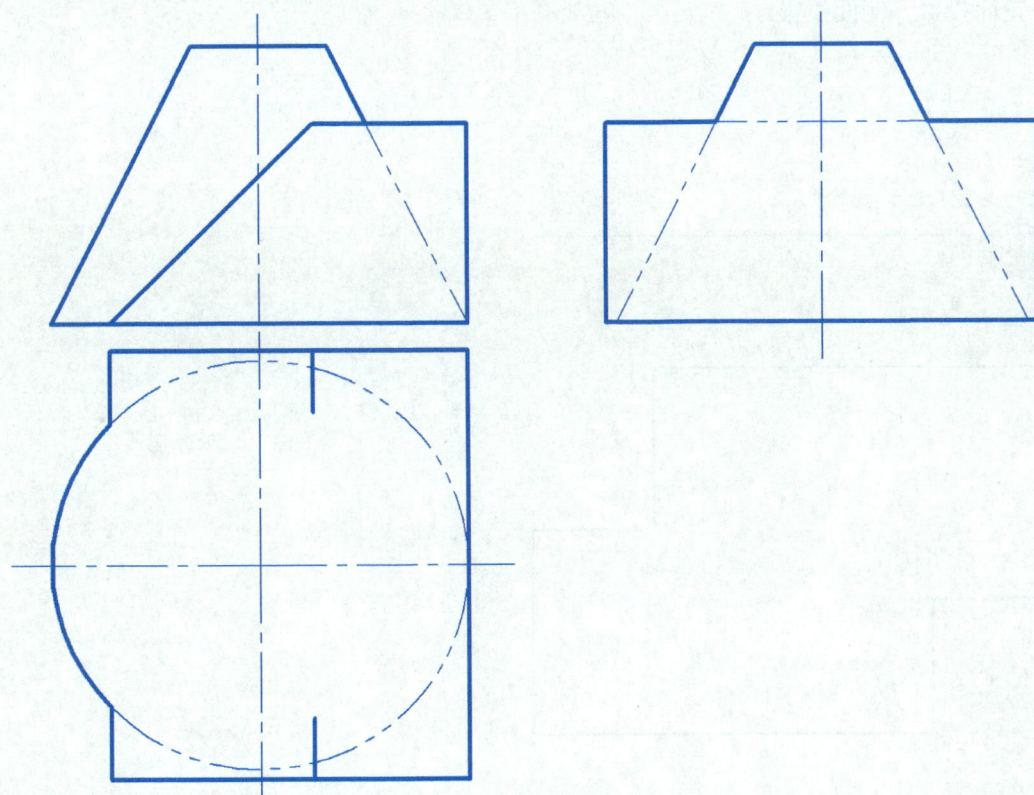

10-8 作出高低圆拱的相贯线，并判断可见性。

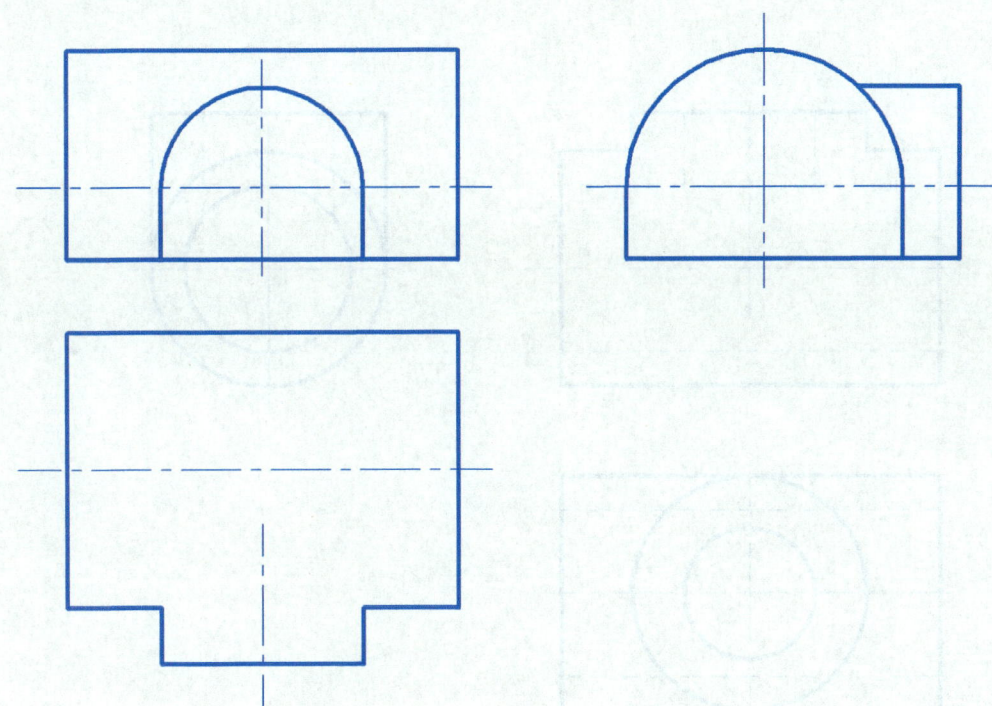

10-9 作出两曲面立体的相贯线，并判断可见性。

（1）

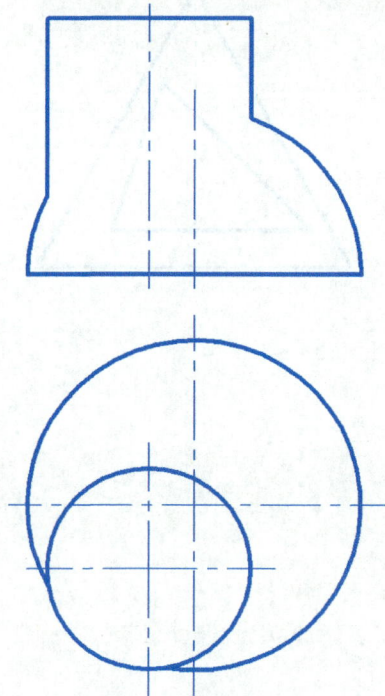

（2）

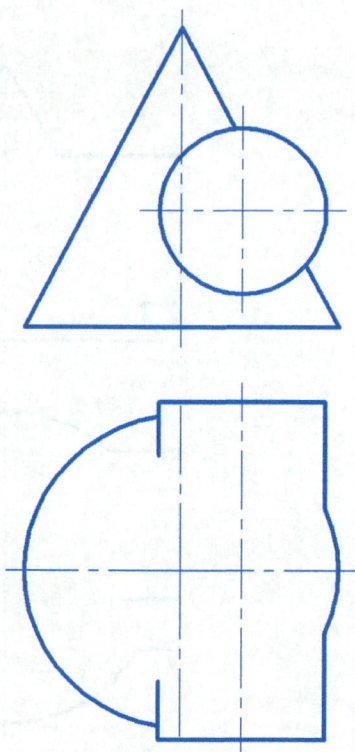

10-10 分析两立体表面的相贯形式，补画图中的相贯线。

（1）

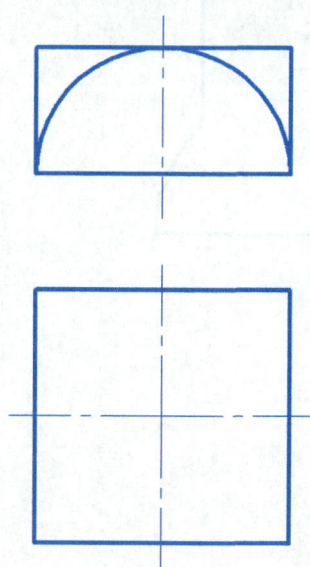

（2）

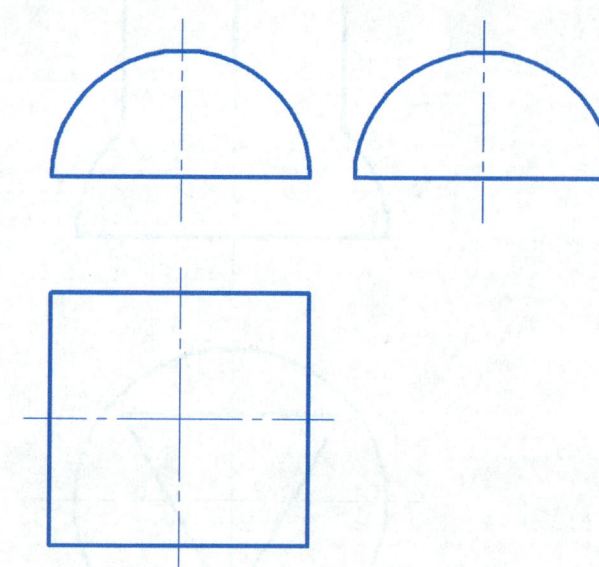

10-11 分析两立体表面的相贯形式，补画图中的相贯线。

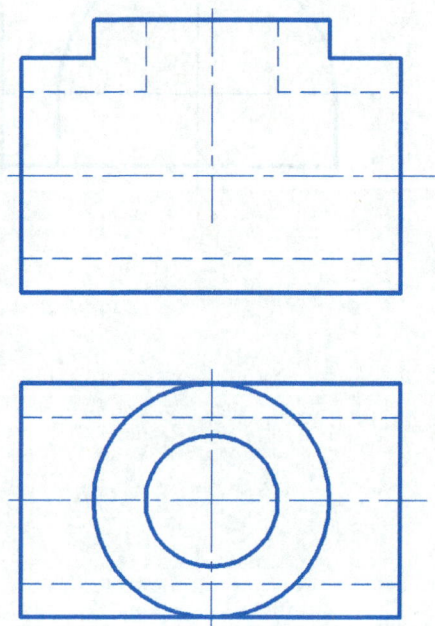

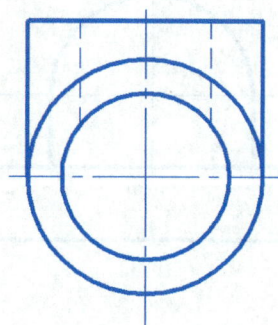

10-12 已知四坡屋面的倾角 $\alpha = 30°$ 及檐口线的水平投影，求屋面交线的水平投影和屋面的正面投影、侧面投影。

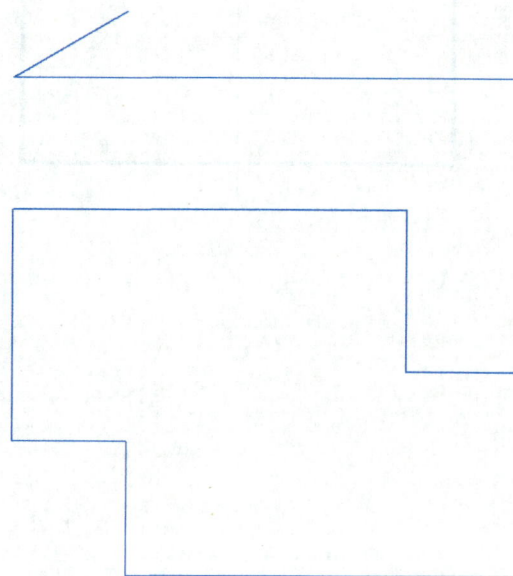

专业班级 _____ 姓名 _____ 学号 _____

11-1 作正六棱柱的正等轴测图。

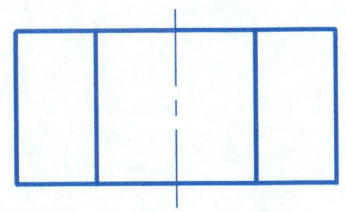

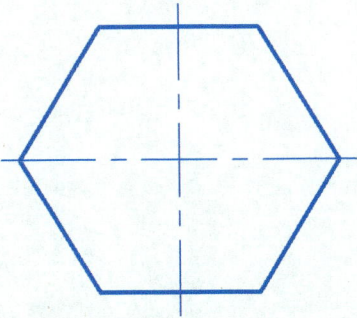

11-2 作形体的正等轴测图。

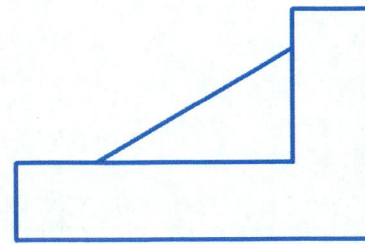

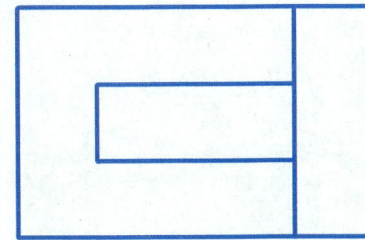

11-3 作圆柱切割体的正等轴测图。

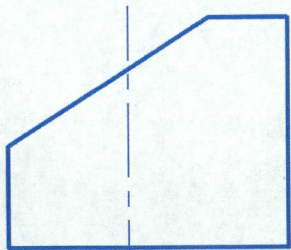

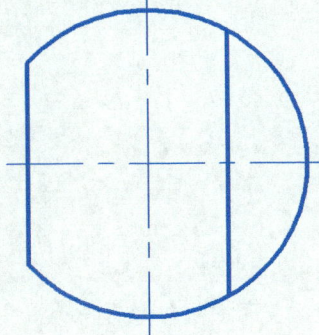

11-4 作相贯体的正等轴测图。

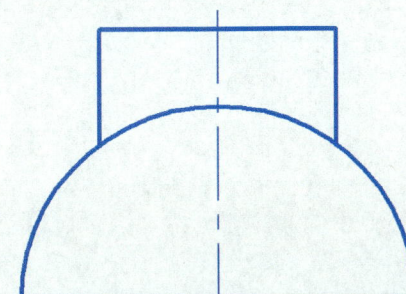

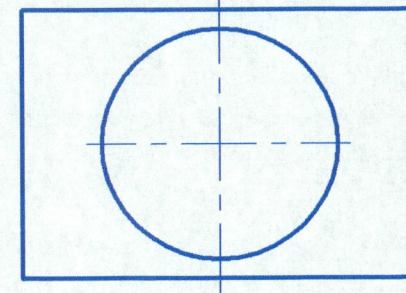

11-5 作形体的正等轴测图。

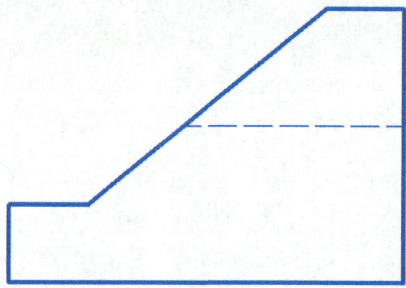

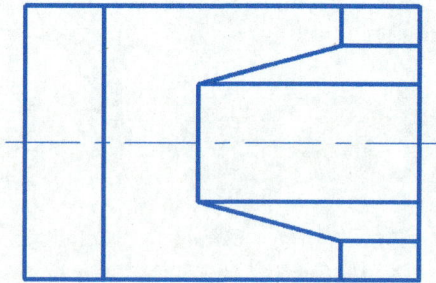

11-6 作形体的斜二轴测图。

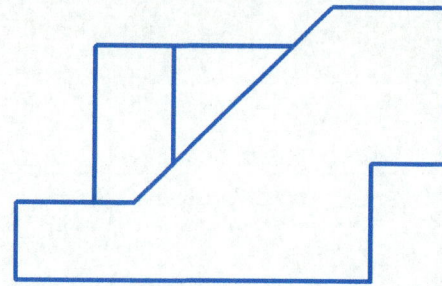

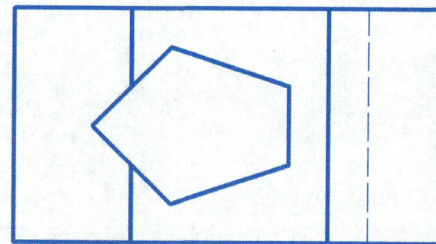

11-7 作形体的斜二轴测图。

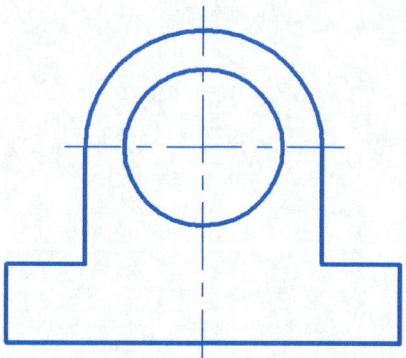

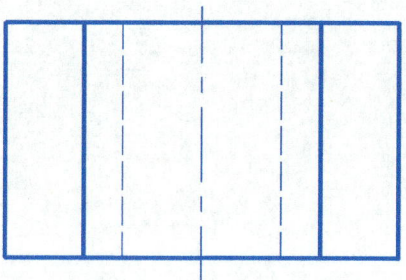

11-8 作形体的正等轴测剖视图。

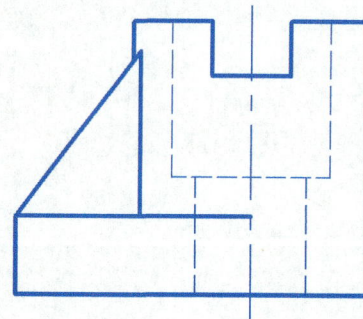

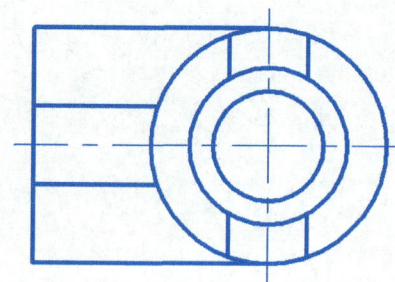

专业班级 _____ 姓名 _____ 学号 _____

12-1 根据已知视图和轴测图，绘制集合体的三视图。

（1）

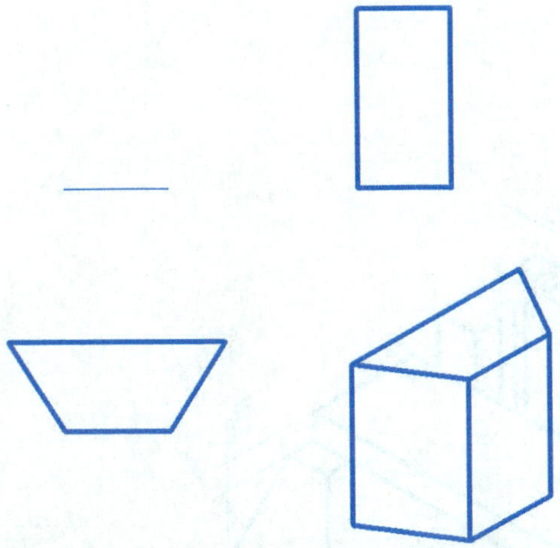

（2）

（3）

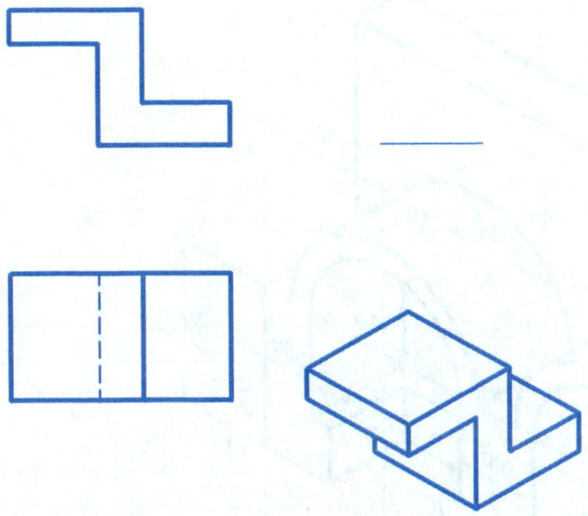

（4）

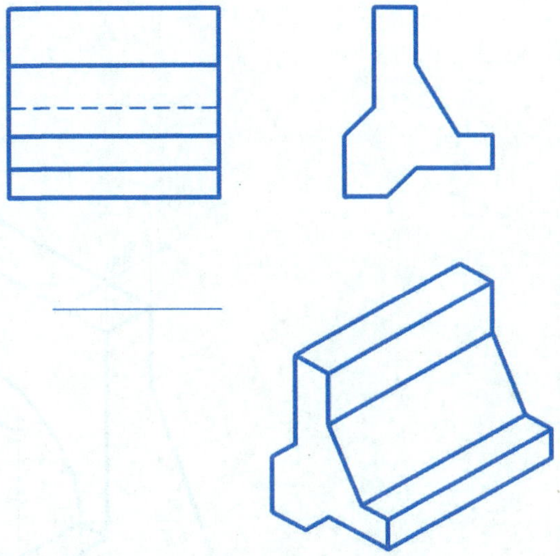

（5）

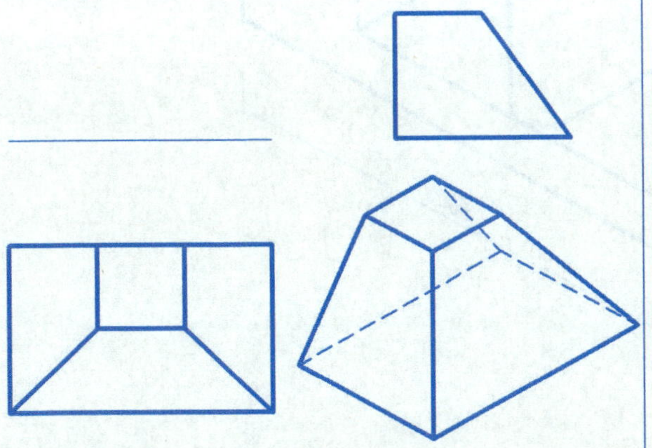

（6）

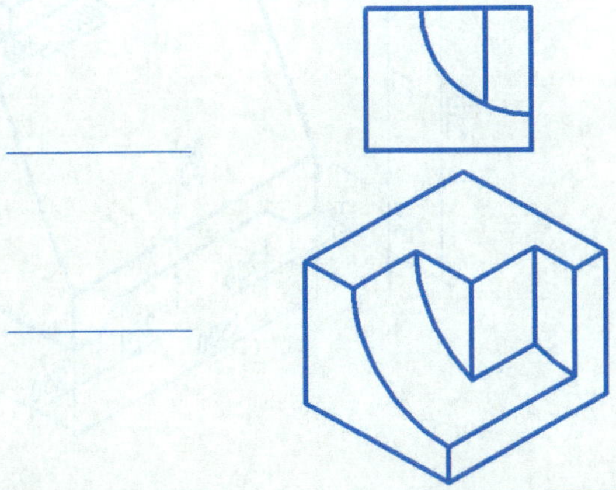

（7）

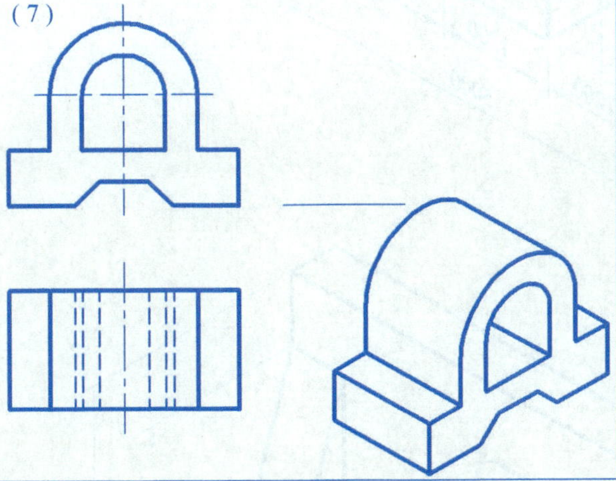

（8）

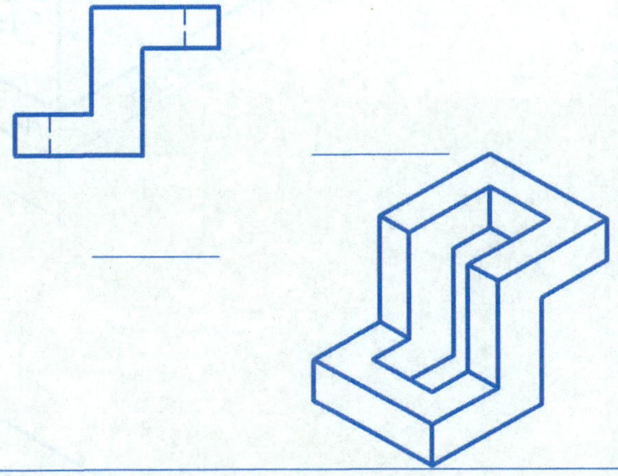

（9）

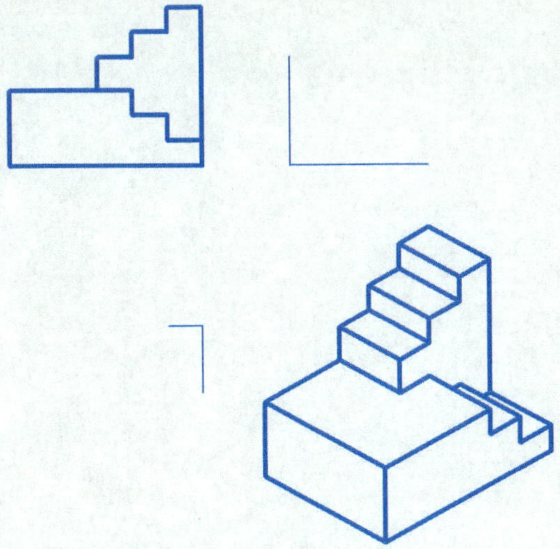

（10）

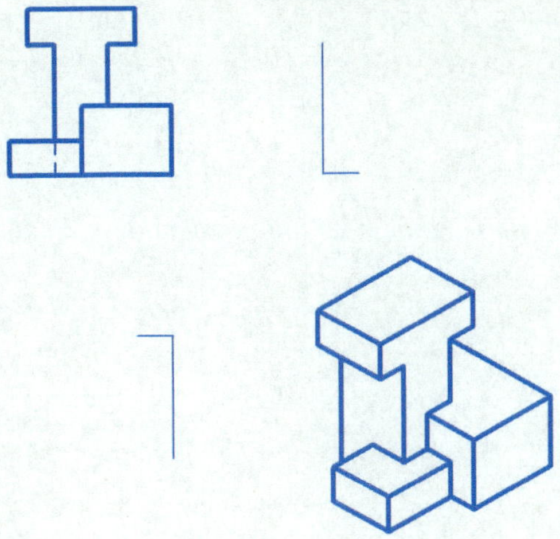

（11）

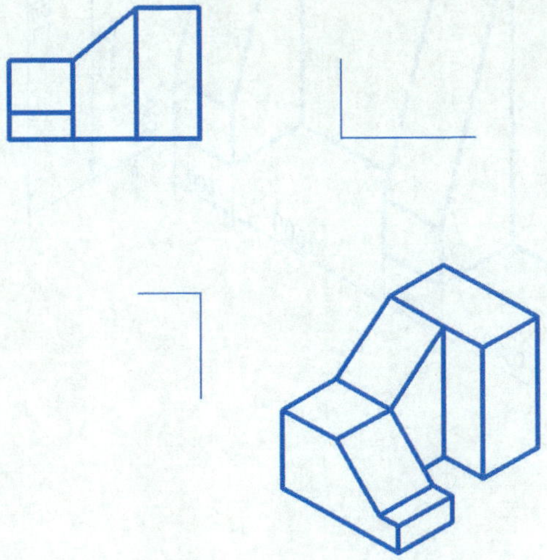

（12）

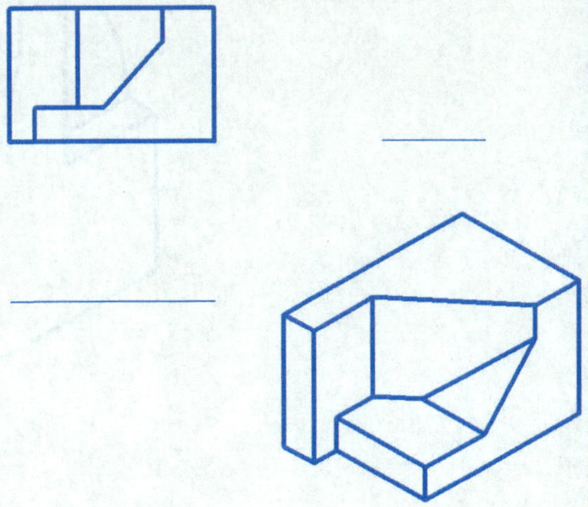

12-2 根据挡土墙和水闸的轴测图,草画出它们的视图,标注出尺寸,并用1:50的比例在A3幅面图纸上完整地绘制出其中之一的图纸图。要求:投影正确、尺寸齐全、图面工整清晰。

(1)挡土墙

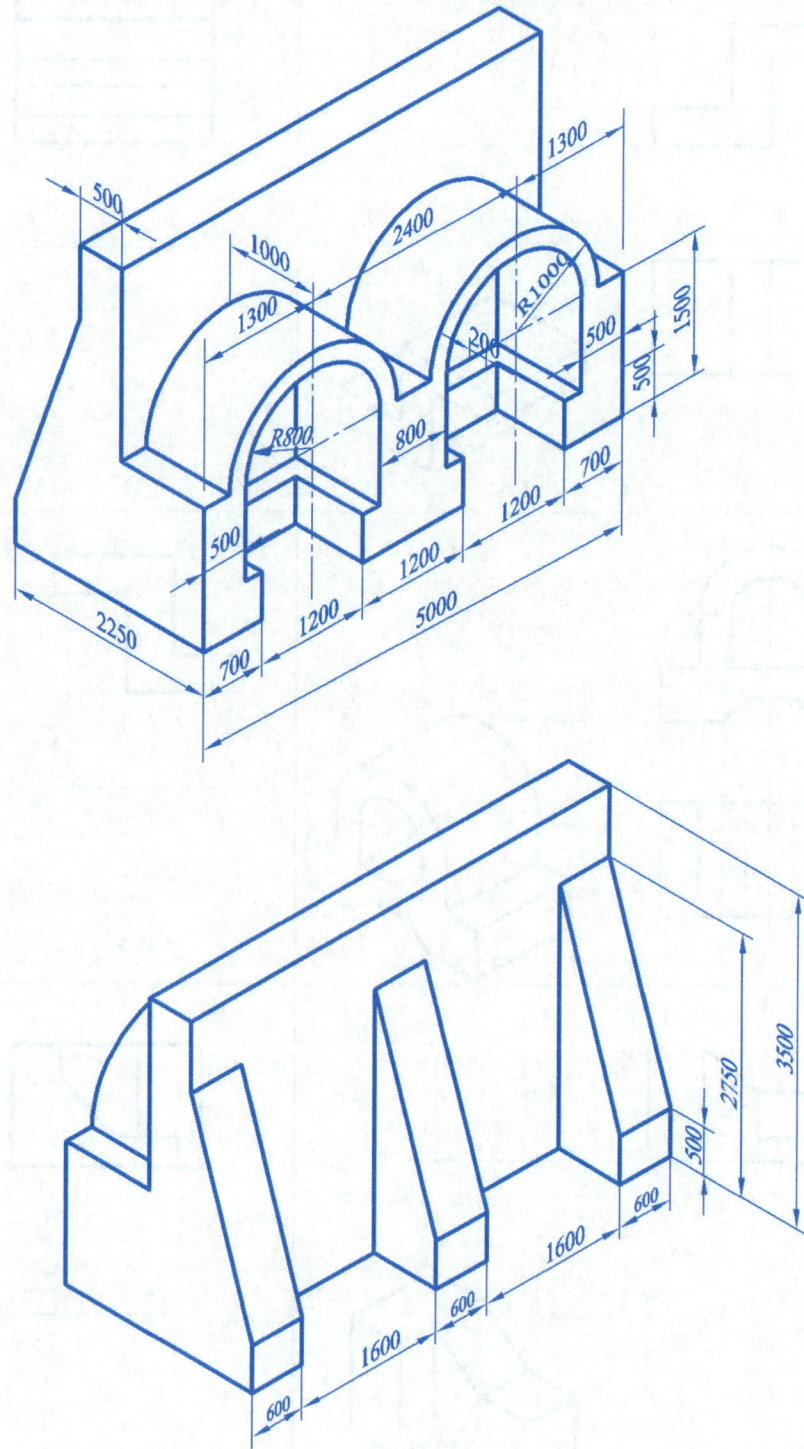

(2)水闸

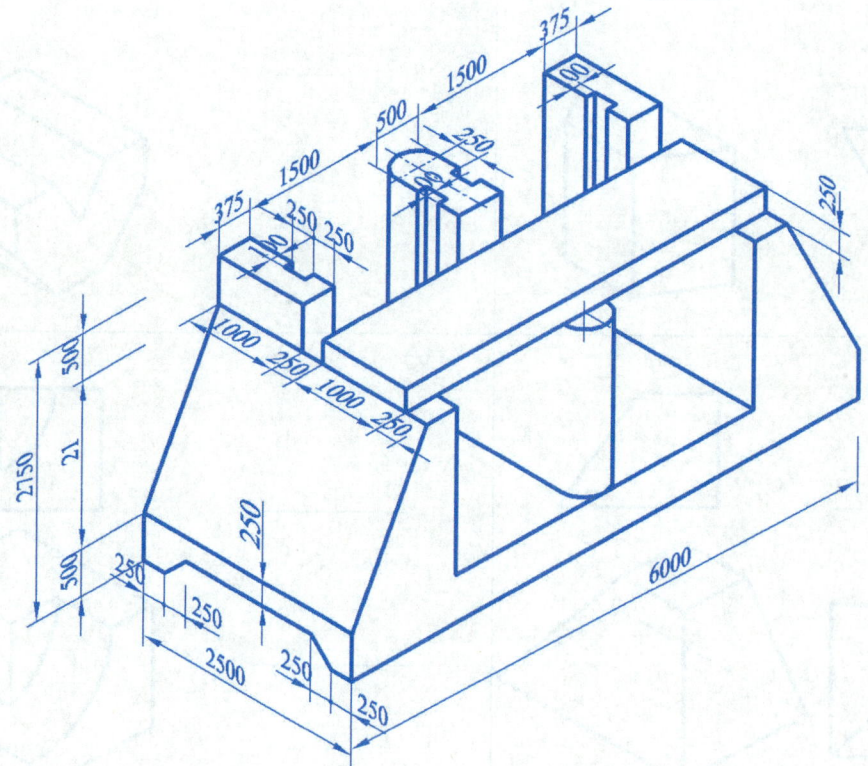

专业班级 _____ 姓名 _____ 学号 _____

12-3 在下面的两组图形中，根据已知的正立面图和平面图，寻找与其对应的侧立面图，并将选中的编号填写在对应的括号内。

	A（ ）	B（ ）	C（ ）	D（ ）	E（ ）	F（ ）	G（ ）
正立面图							
平面图							
	1	2	3	4	5	6	7
侧立面图							

12-4 指出左图中不恰当的尺寸标注，并重新完整标注在右图中。

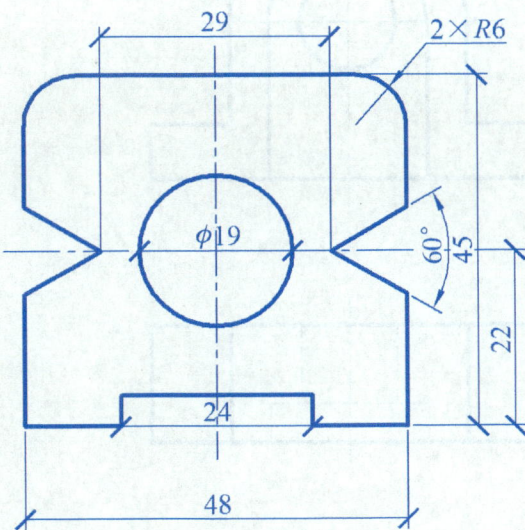

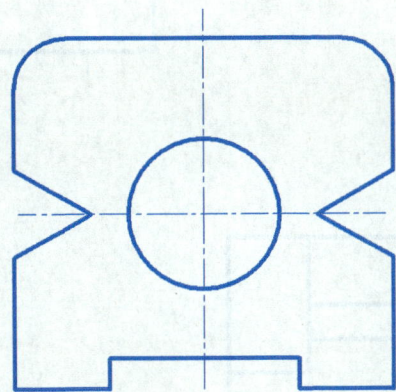

29
2×R6
φ19
60°
45
22
24
48

12-5 标注集合体的尺寸，数值按1:50的比例从图中量取，精确到整数。

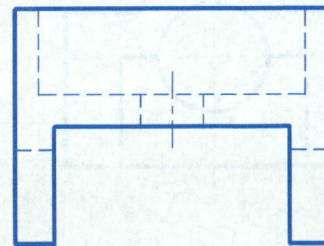

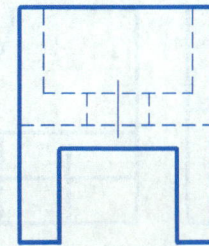

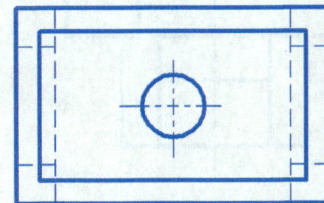

（1）

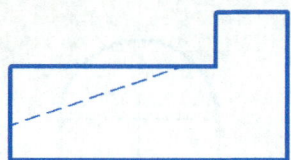

（2）

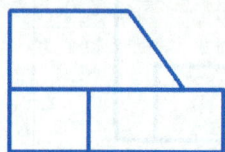

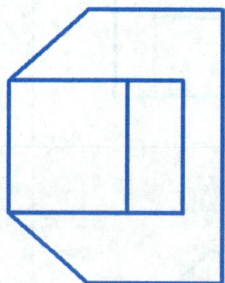

（3）

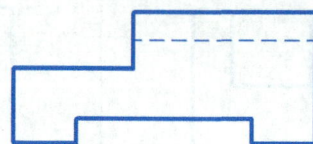

（4）

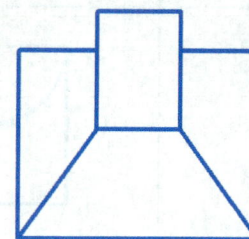
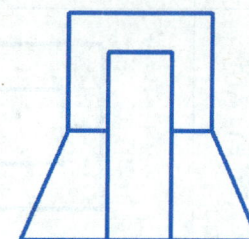

（5）

（6）

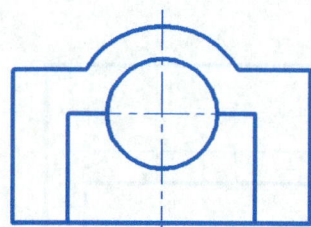

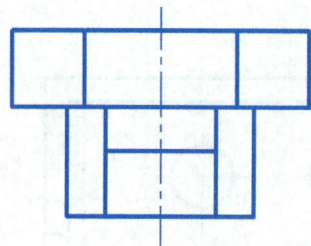

（7）

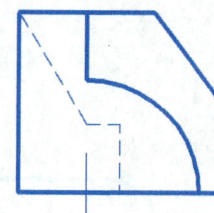

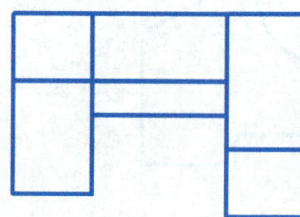

（8）

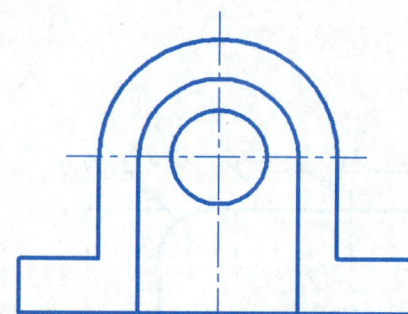

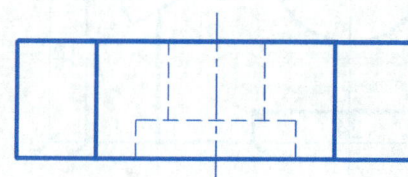

12-7 看懂集合体的所给视图，补画第三视图。

（1）

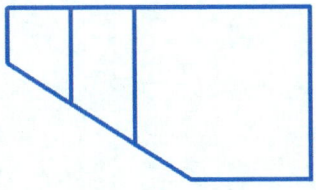

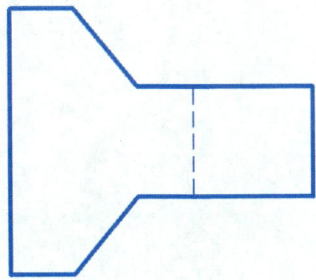

（2）

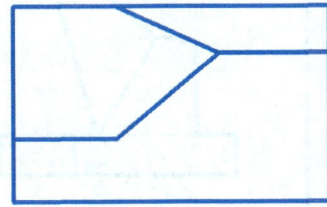

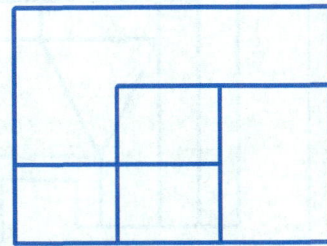

（3）

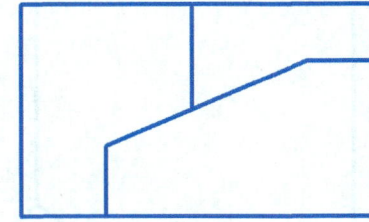

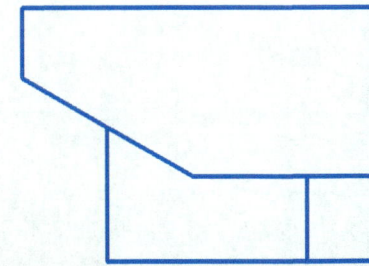

（4）

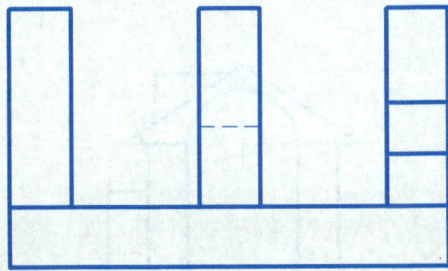

（5）

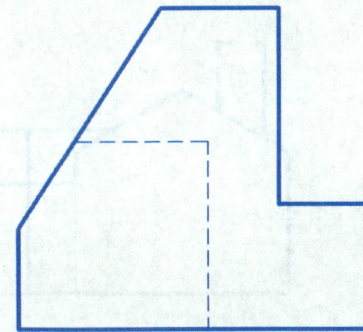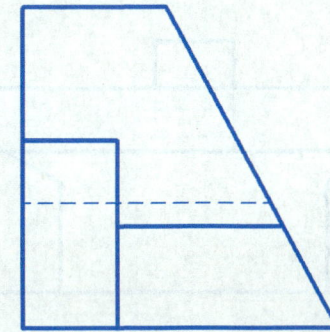

12-8　看懂集合体的所给视图，补画第三视图。

（1）

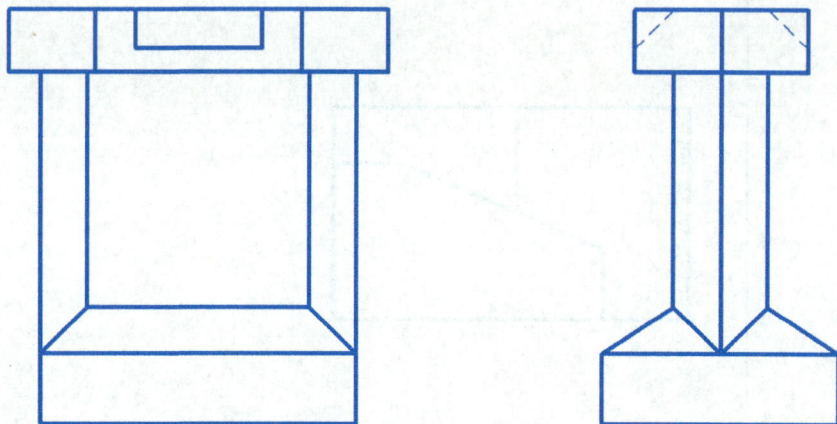

（2）

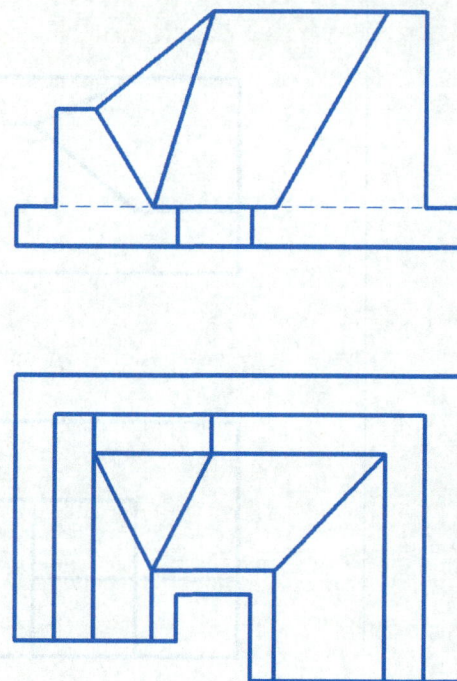

（3）

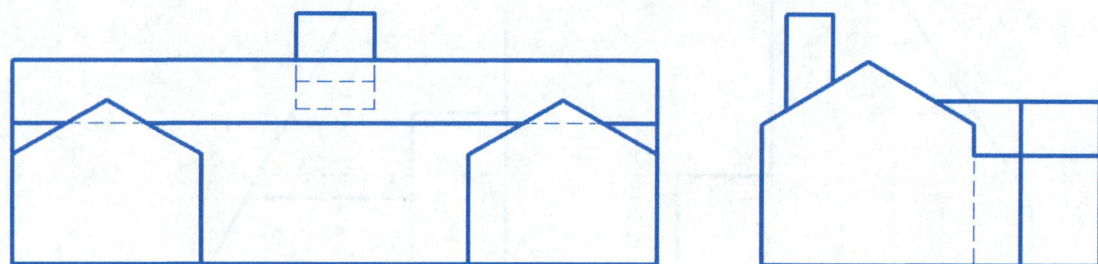

12-9　用Auto CAD按1：1比例画三视图，并构造出三维视图。

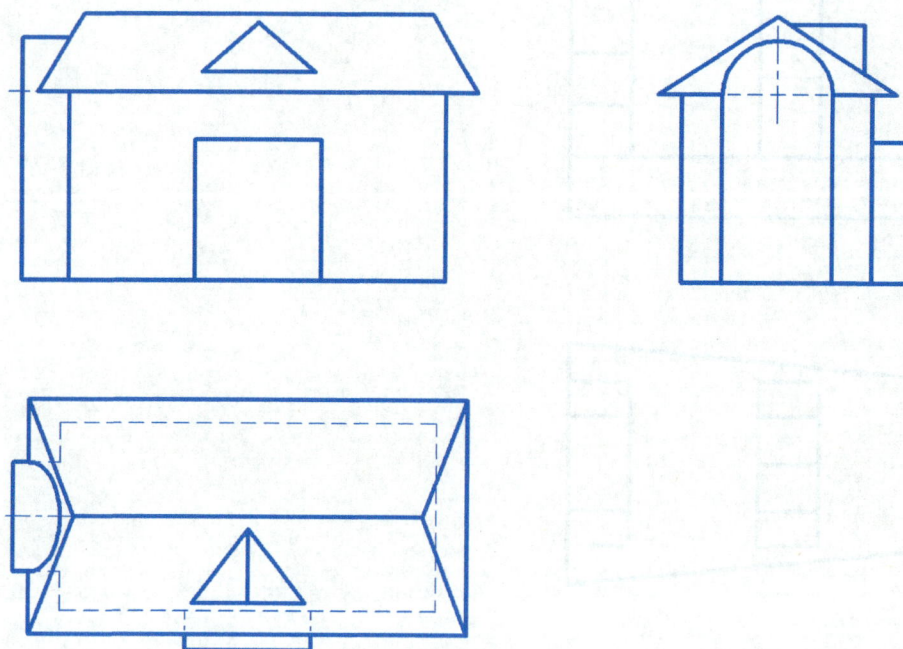

专业班级 _____ 姓名 _____ 学号 _____

13-1　按一般配置画出形体的其余4个基本视图。

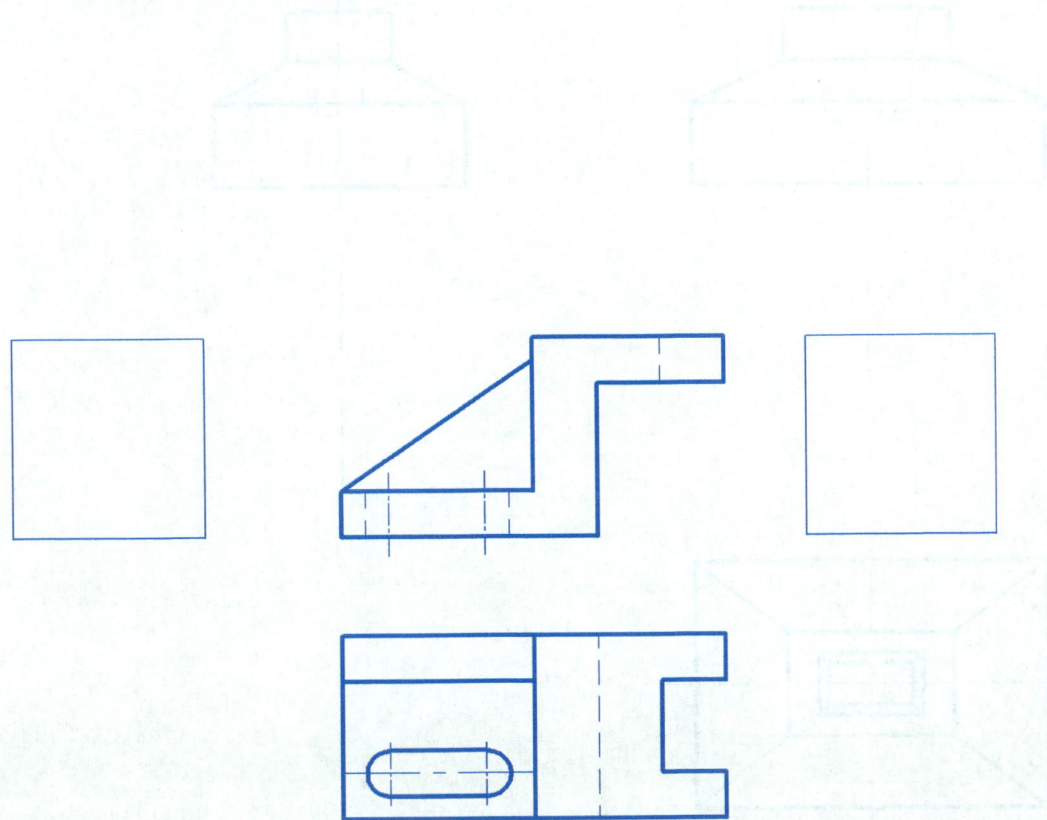

13-3　画出形体的A向视图。

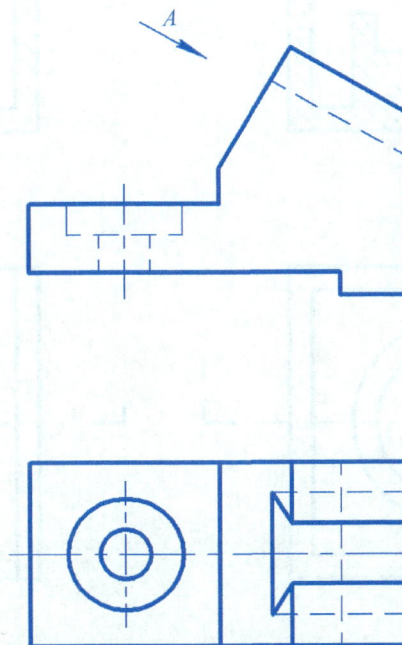

13-2　按向视图配置方法画出形体的其余4个基本视图。

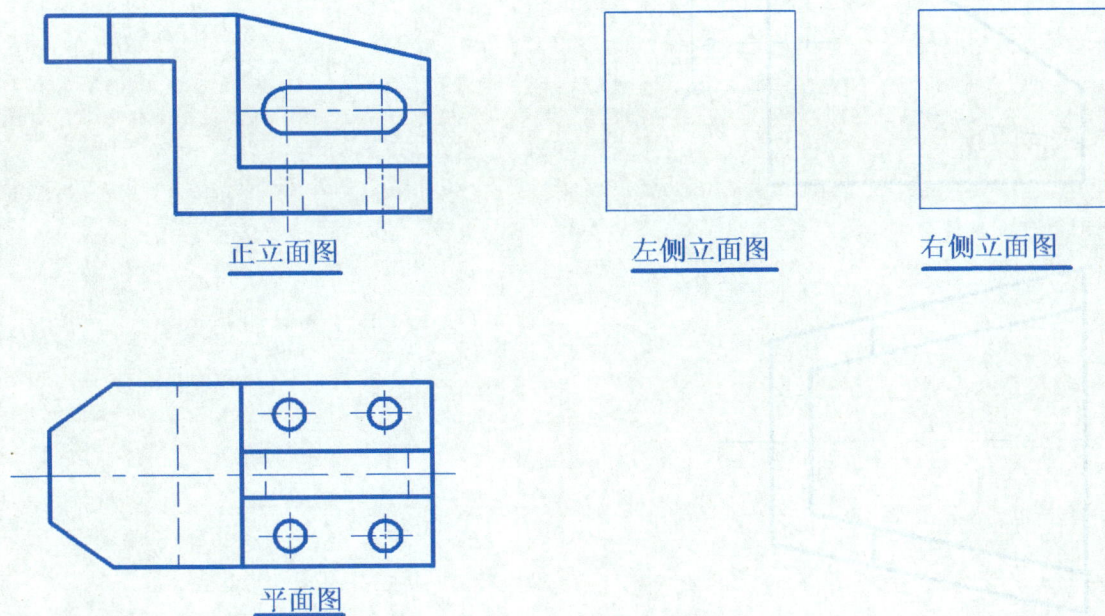

正立面图

左侧立面图

右侧立面图

平面图

13-4　画出形体的B向视图。

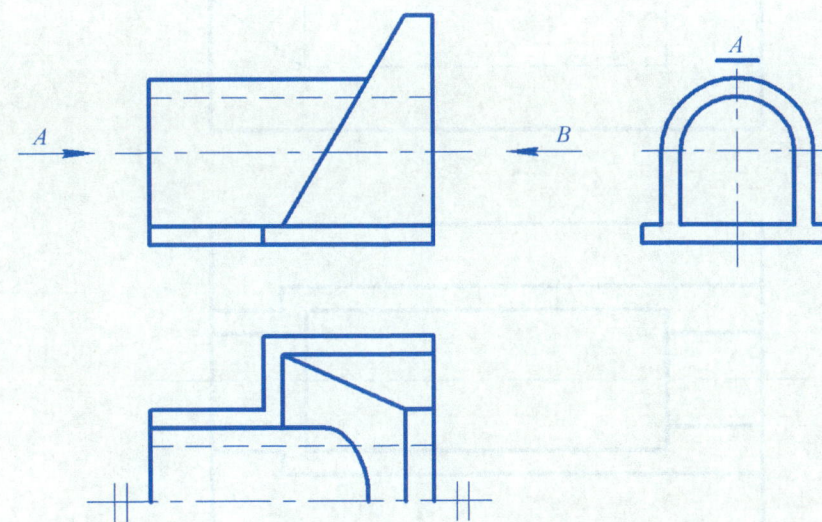

13-5 补全1—1剖视图中遗漏的线。

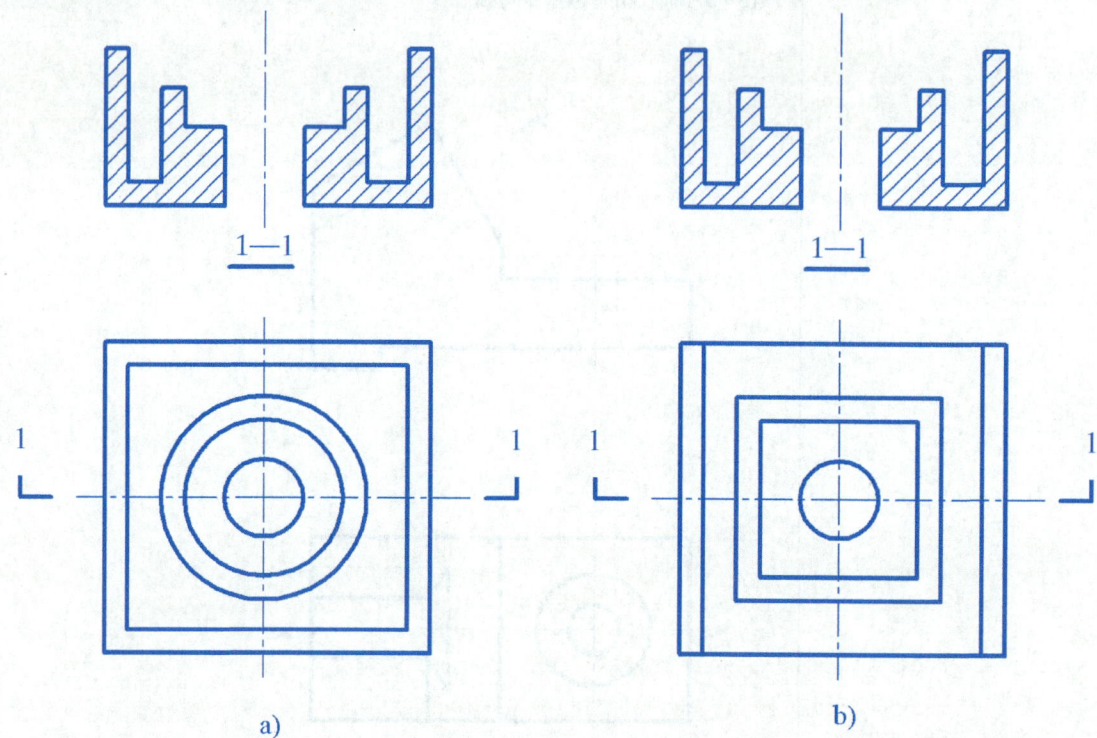

1—1

a)

1—1

b)

13-6 在指定位置画出基础的半剖视图（材料：钢筋混凝土）。

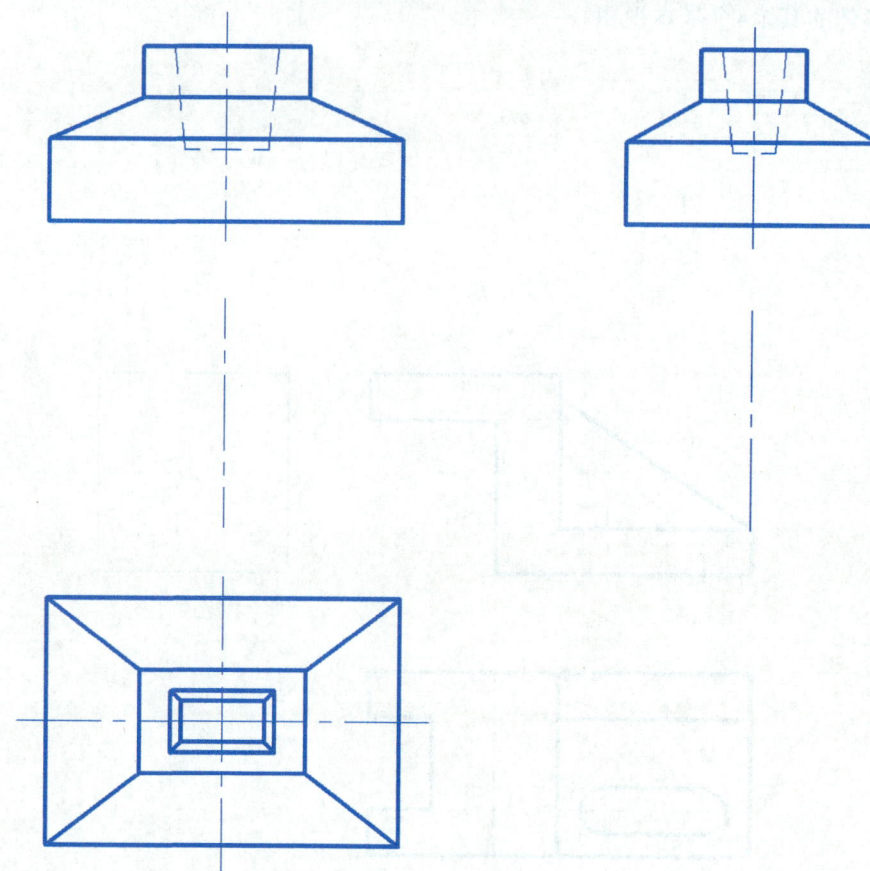

13-7 把滤水池的主视图改画为适当剖视图，补画出左视图，并对左视图进行半剖处理（材料：混凝土）。

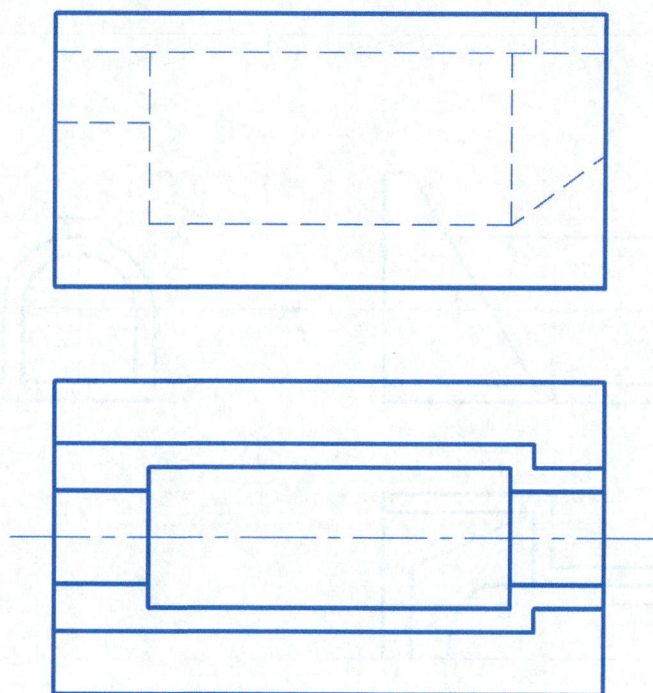

13-8 把涵洞进口的主视图改画为适当剖视图，并补画出左视图（材料：浆砌块石）。

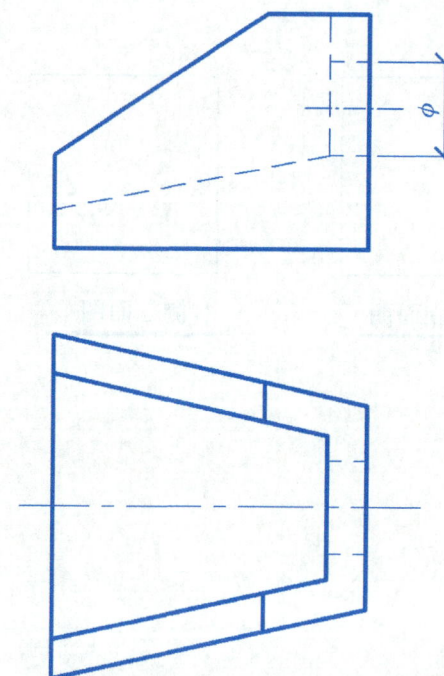

专业班级 _____ 姓名 _____ 学号 _____

13-9 将正立面图改画为全剖，并画出全剖的左侧立面图（材料：钢筋混凝土）。

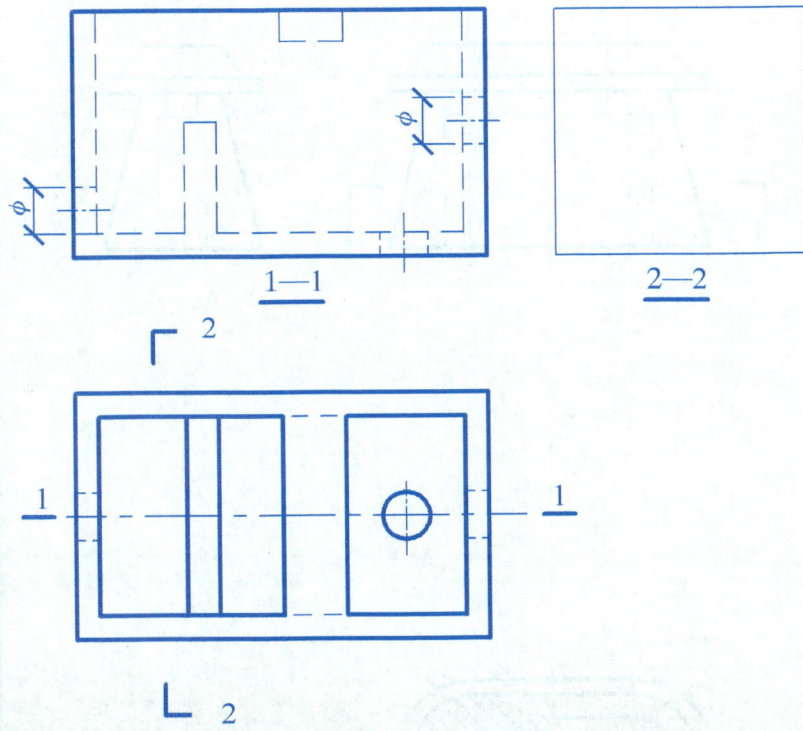

1—1

2—2

2

1 —— 1

2

13-11 画出板梁结构的1—1、2—2剖面图（材料：钢筋混凝土）。

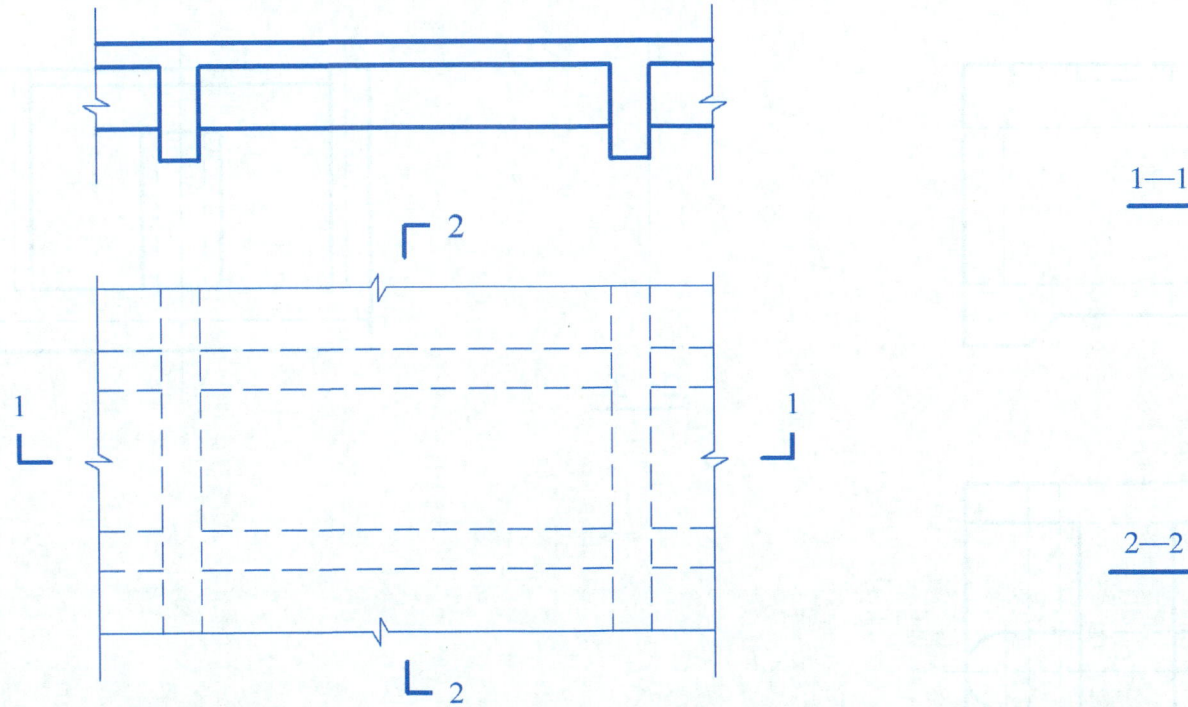

2

1

1

2

1—1

2—2

13-10 画出工程形体的2—2、3—3剖视图。

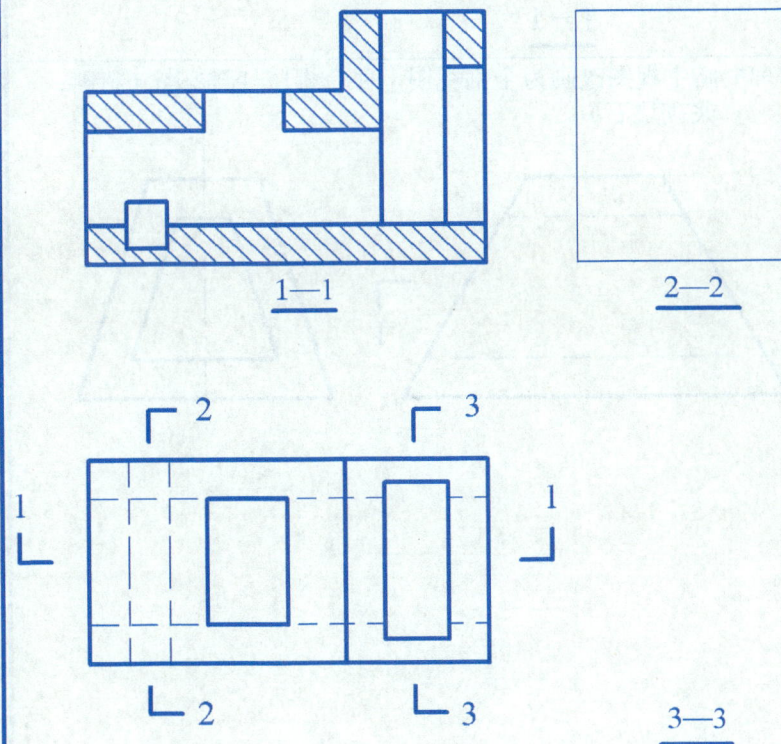

1—1

2—2

2

3

1

1

2

3

3—3

13-12 将涵洞的主视图改画为全剖视图，并完成1—1剖视图（材料：浆砌块石）。

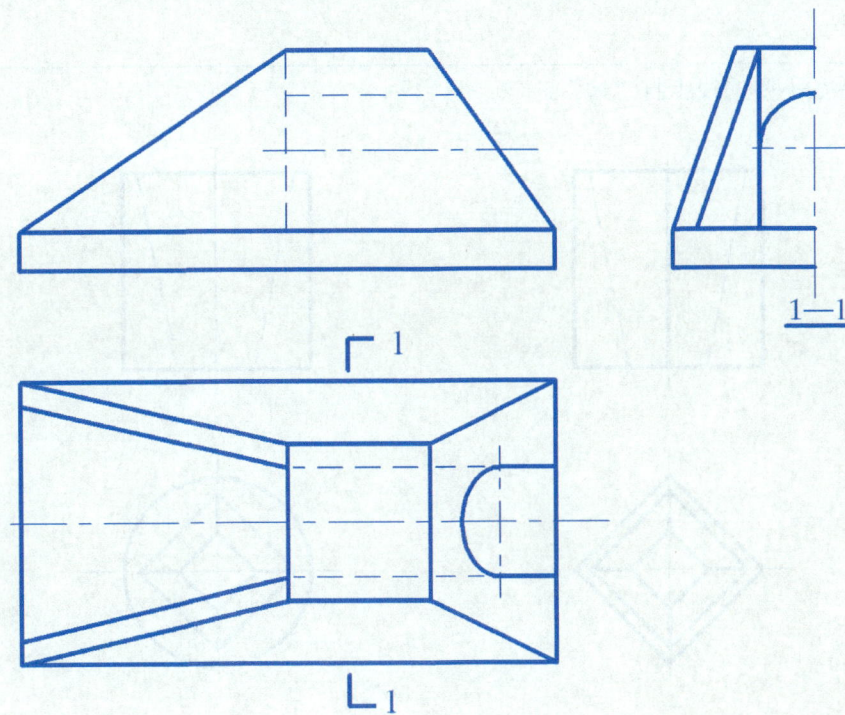

1—1

1

1

13-13 将水闸闸首的主视图改画为1—1全剖视图，在指定位置画出它的2—2阶梯剖视图（横板材料：钢筋混凝土，其余：混凝土）。

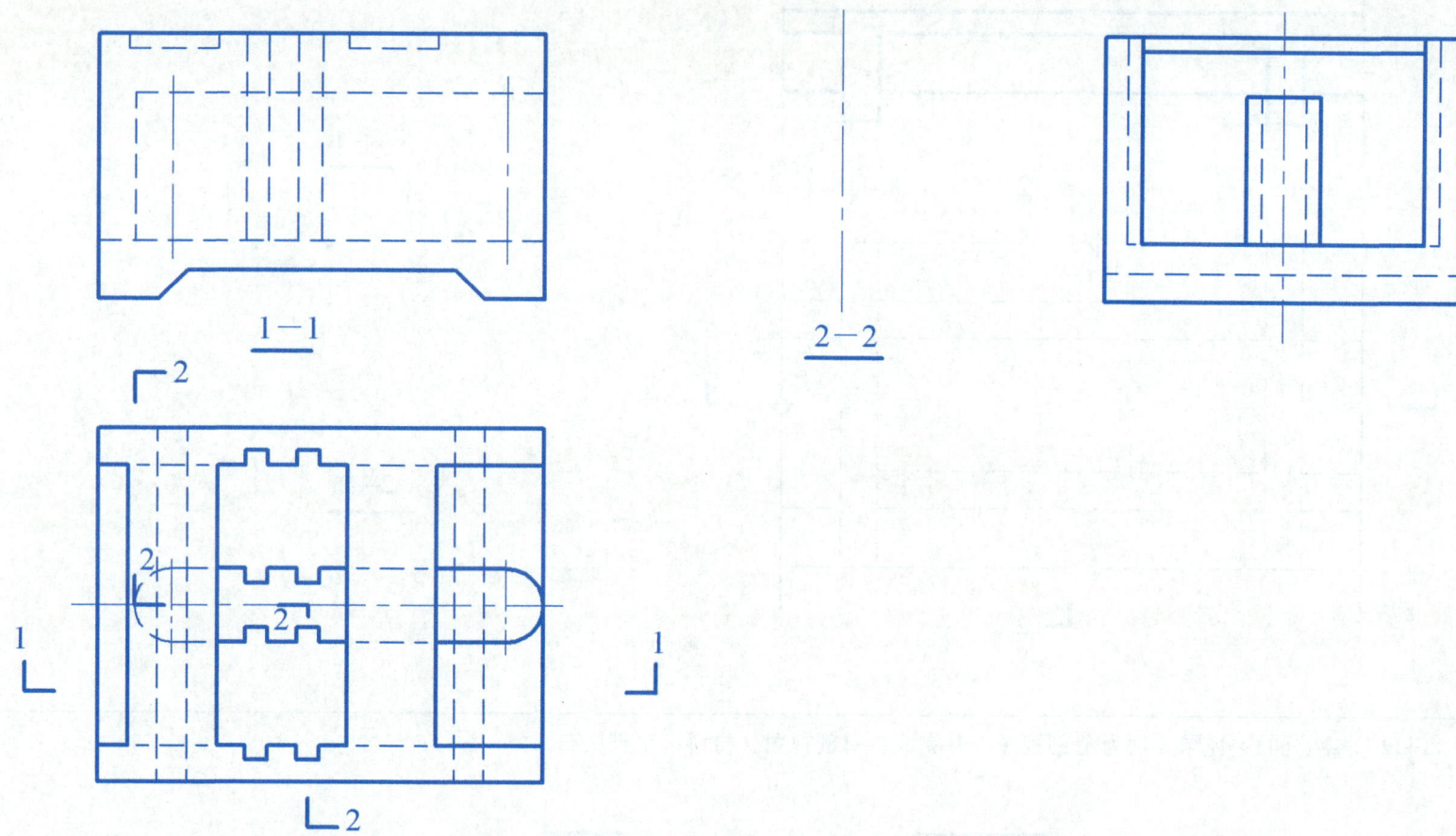

13-14 在指定位置将墩帽的主、左剖视图改画为适当剖视图（材料：钢筋混凝土）。

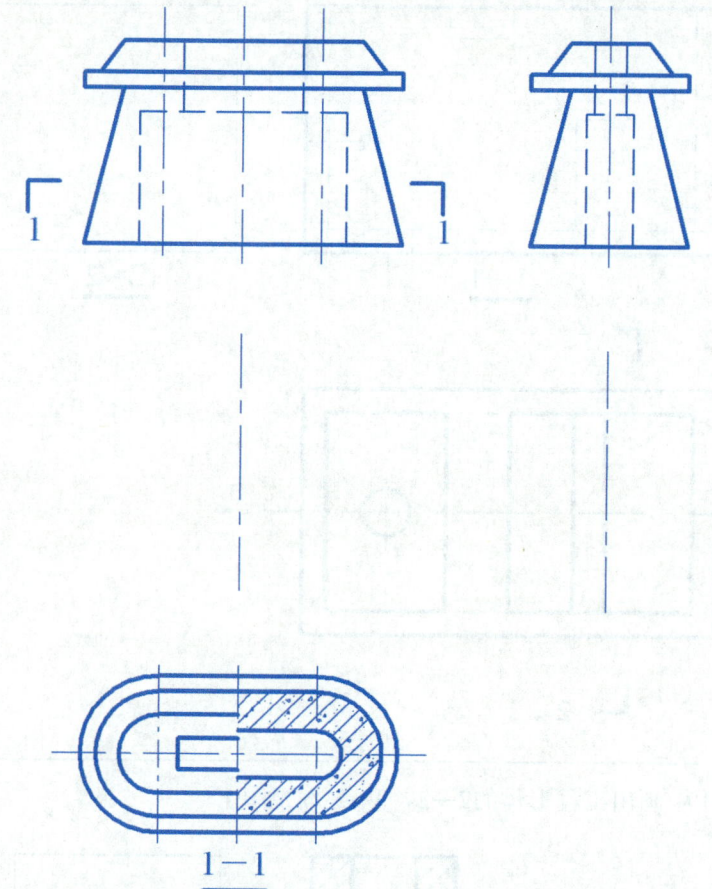

1—1

2—2

1—1

13-15 把正立面图改画为局部剖视图，改画后在不要的线上打"×"。

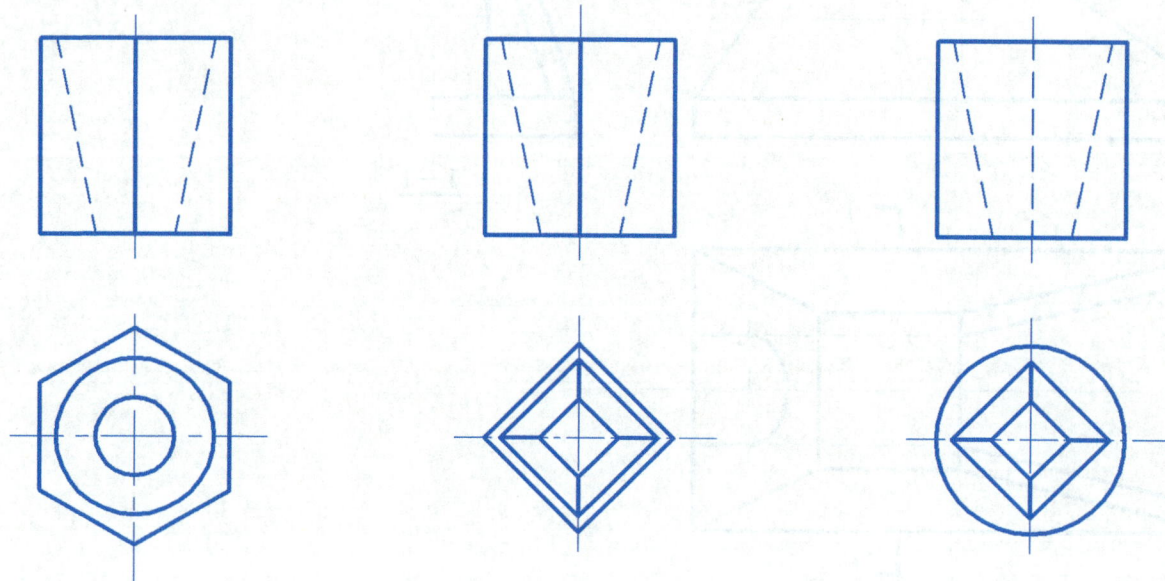

13-16 将主视图改画为全剖视图，并完成1—1剖视图（材料：浆砌块石）。

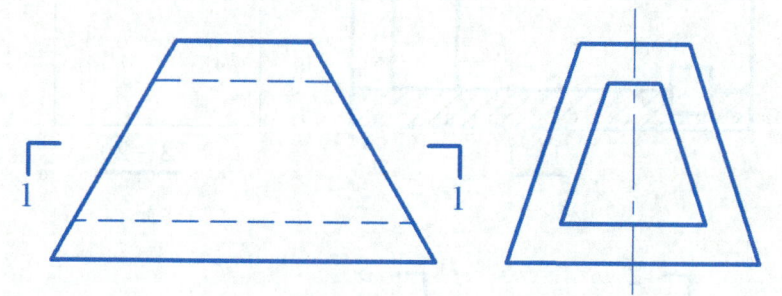

专业班级 _____ 姓名 _____ 学号 _____

13-17 完成2—2剖面图（雨棚材料：钢筋混凝土）。

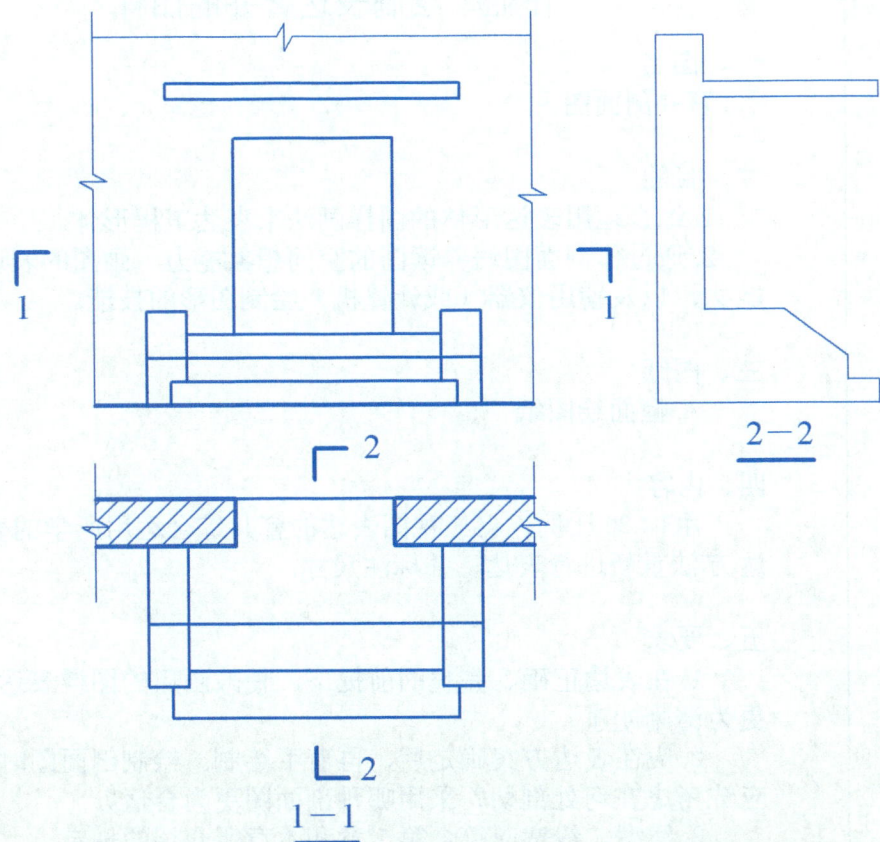

2—2

1—1

13-18 将主视图改画为1—1剖视图，改画后在不要的线上打"×"。

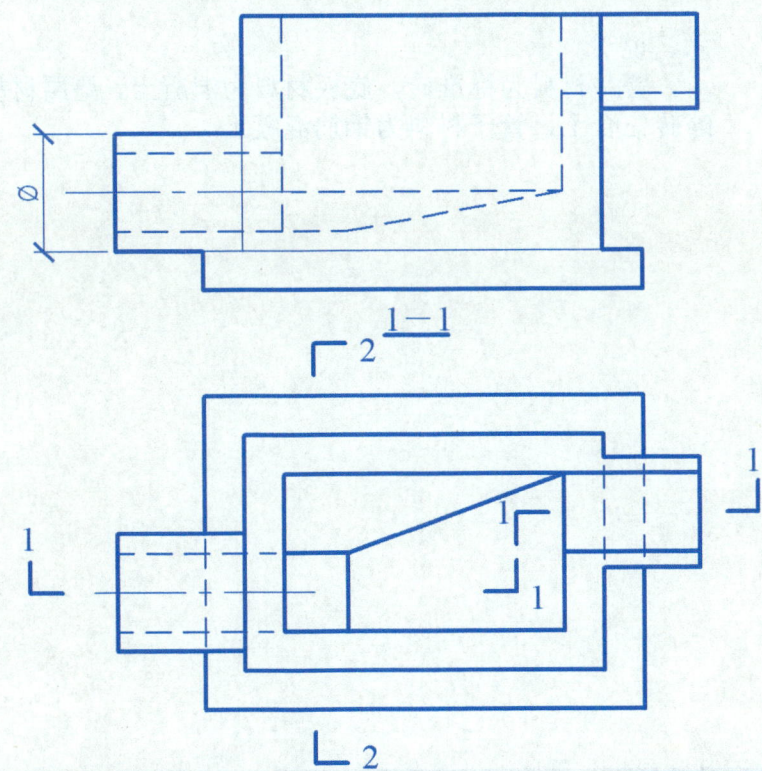

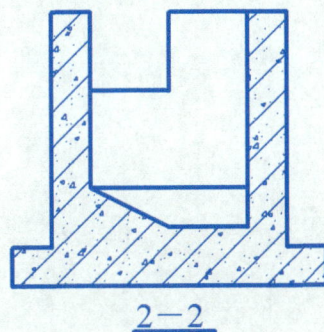

1—1

2—2

13-19 作出梁、柱指定位置的断面图。

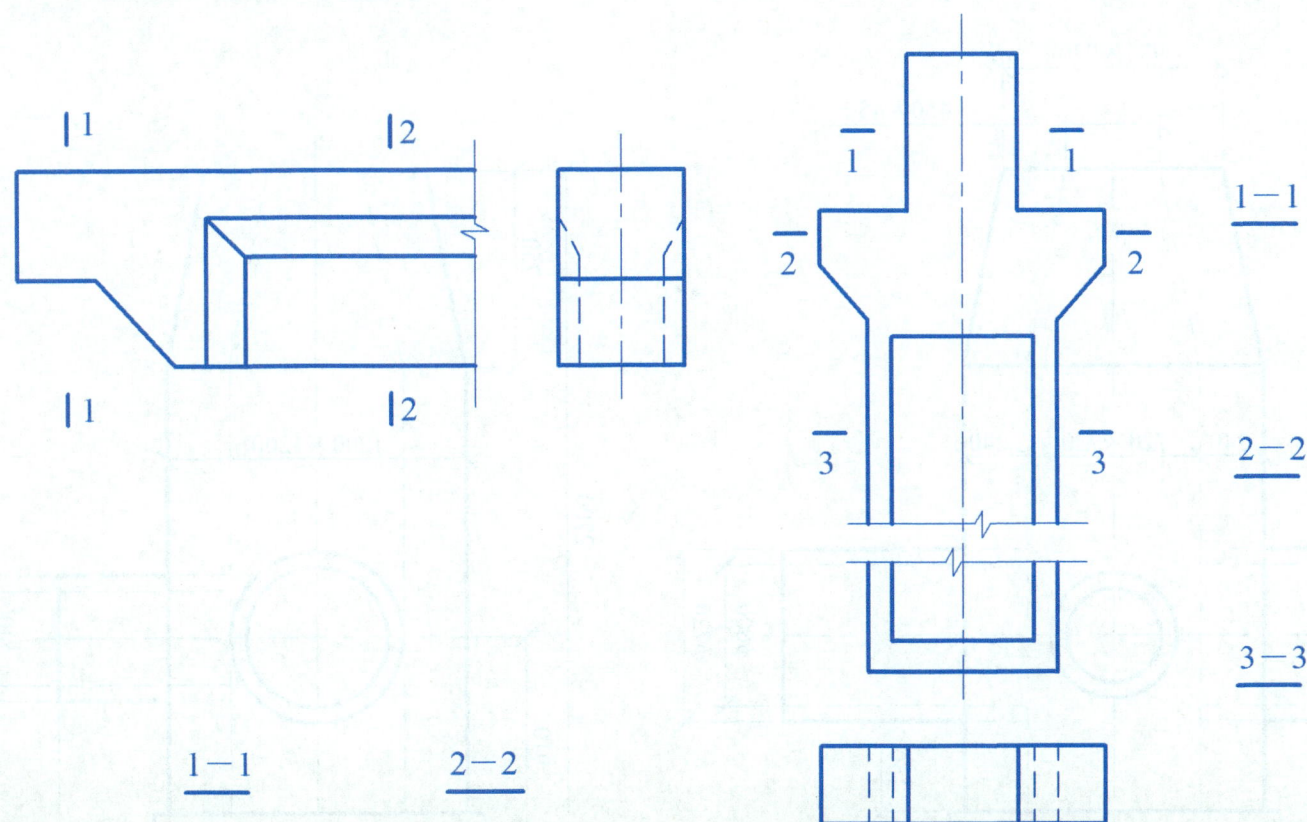

1—1

2—2

3—3

1—1   2—2

13-20 完成1—1断面图（材料：混凝土）。

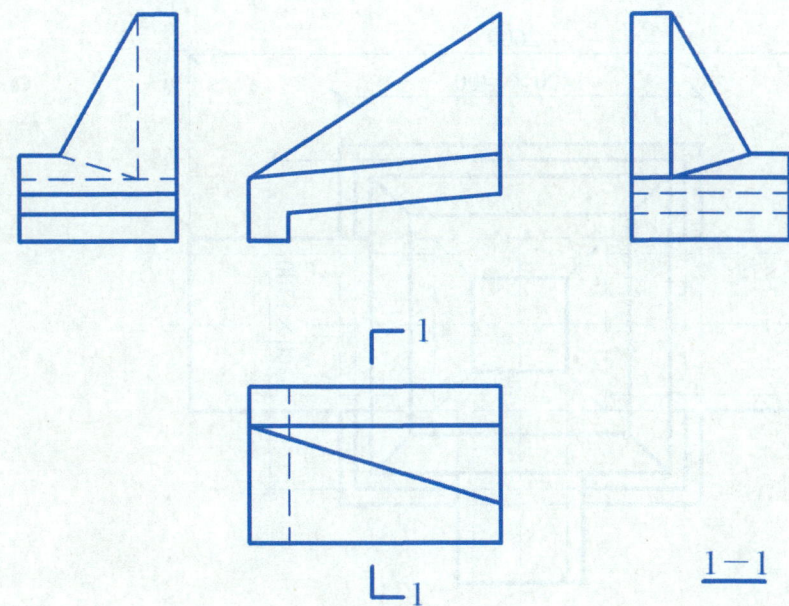

1—1

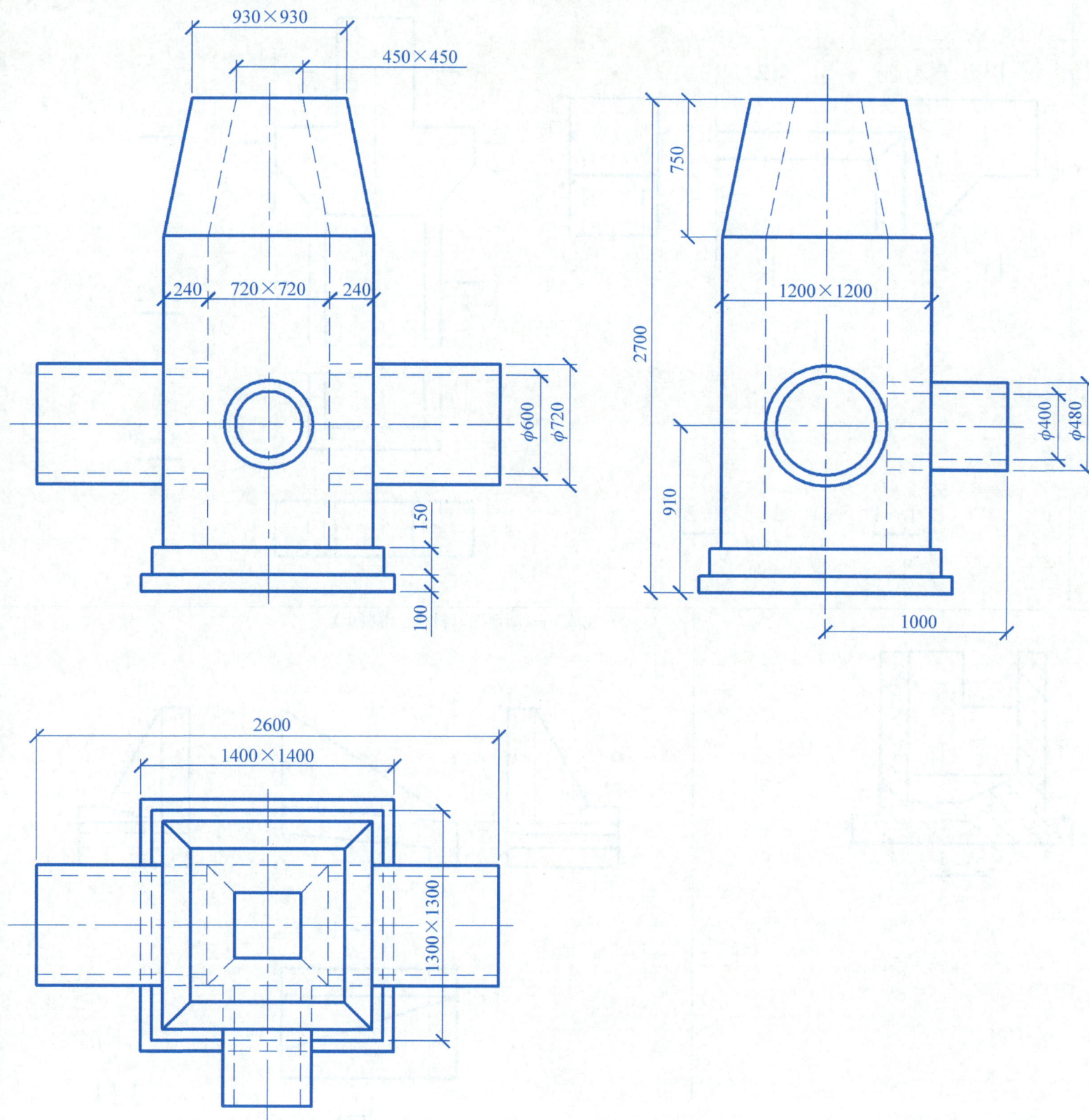

作业 绘制表达窨井的图样

一、图名
　窨井剖面图。

二、目的
　1.综合运用表达形体的图样画法来表达工程形体。
　2.通过作剖面图培养读图的空间想象能力、画图的表达能力，以及使用仪器（或计算机）绘制图形的技能。

三、图纸
　A3幅面绘图纸

四、内容
　用1：20比例，将三视图表达的窨井综合运用所学的表达方法重新进行表达，并标注尺寸。

五、要求
　1.在表达正确、完整的前提下，使改画后的图样表达更为清晰明了。
　2.应在表达方案确定后，再着手绘制。绘制剖面图时，应先考虑在何处剖切？采用哪种剖面图更为合适？
　3.线型、线宽应符合第1章和本章所介绍的规定。
　4.剖面材料符号应按规定的图例绘制。

六、说明
　窨井材料为标准砖，底板材料为混凝土，垫层材料为碎砖三合土，管子材料为钢筋混凝土。

14-1　试画出斜置椭圆柱面的W面投影和正截面形状，并完成给出点的其他投影。

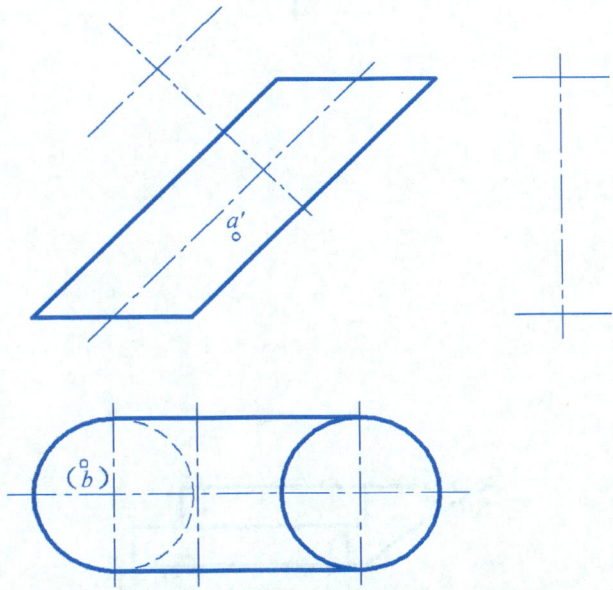

14-2　已知曲线L为导线和锥顶为点S，试画出锥面的投影。注意：轮廓线用粗实线、素线过分点用细实线表示，不可见的素线可以不画。

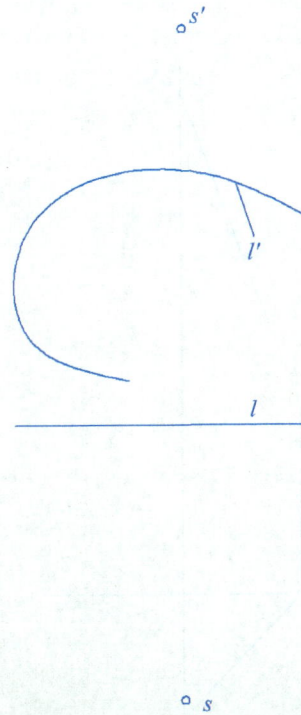

14-3　已知圆锥的某断面形状，其底面是与轴线倾斜的椭圆，试完成该圆锥的投影。

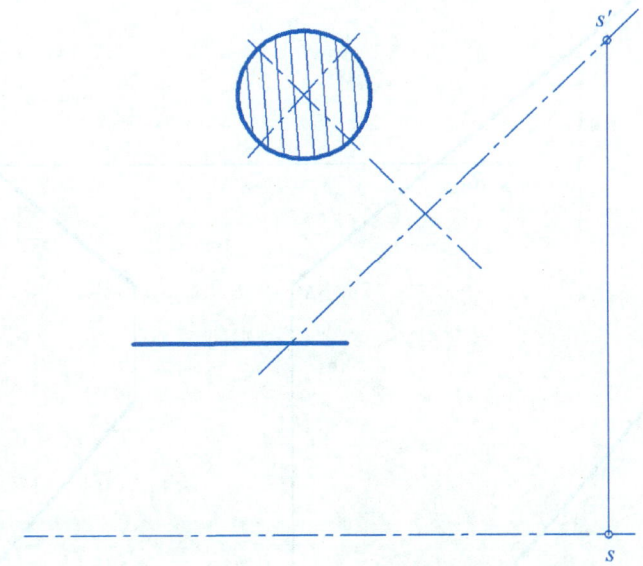

14-4　试以曲线AB、CD为导线，V面为导平面，绘制柱状面的投影。（不可见素线可不画）

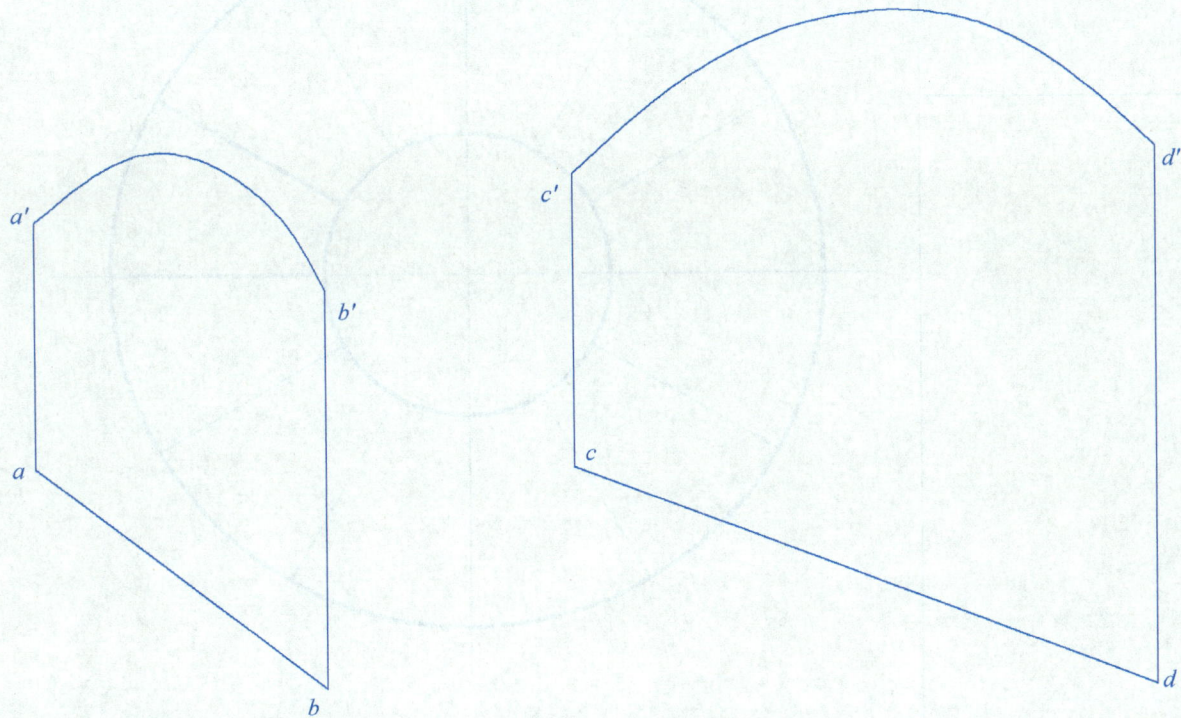

14-5　试以直线AB和曲线CD为导线，V面为导平面，绘制锥状面的投影。（不可见素线可不画）

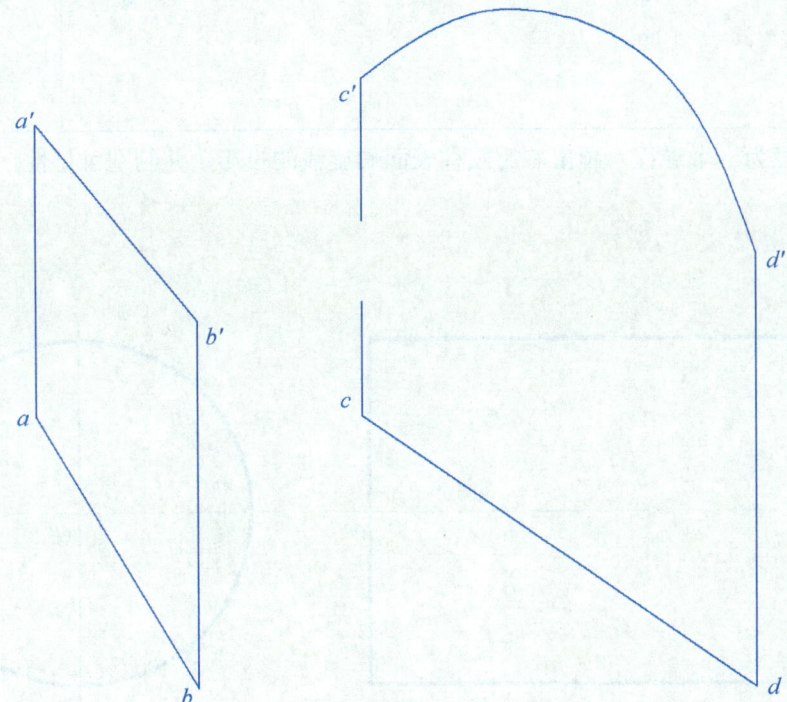

14-6 已知直导线AB、CD的投影，V为导平面，求作双曲抛物面的投影，并求出R平面与该双曲抛物面的交线的投影。

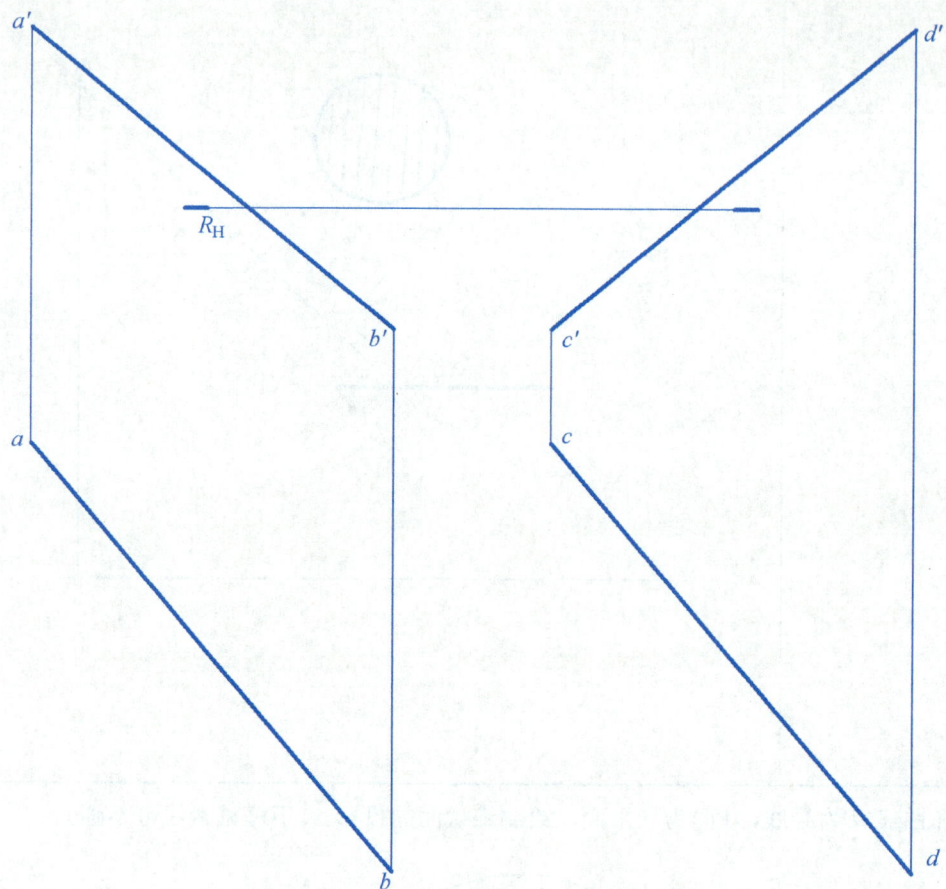

14-7 已知直母线AB，回转轴OO，试画出单叶回转双曲面的投影。

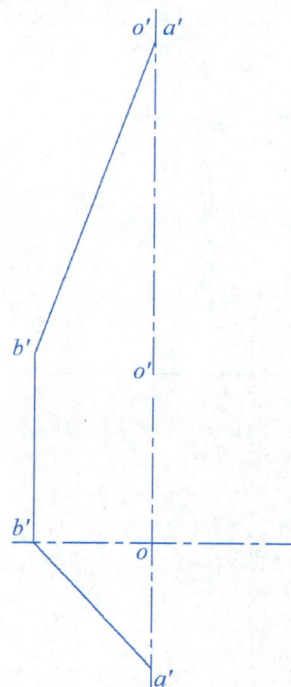

14-9 试补画完整一个导程螺旋楼梯的投影。（可只画可见线）

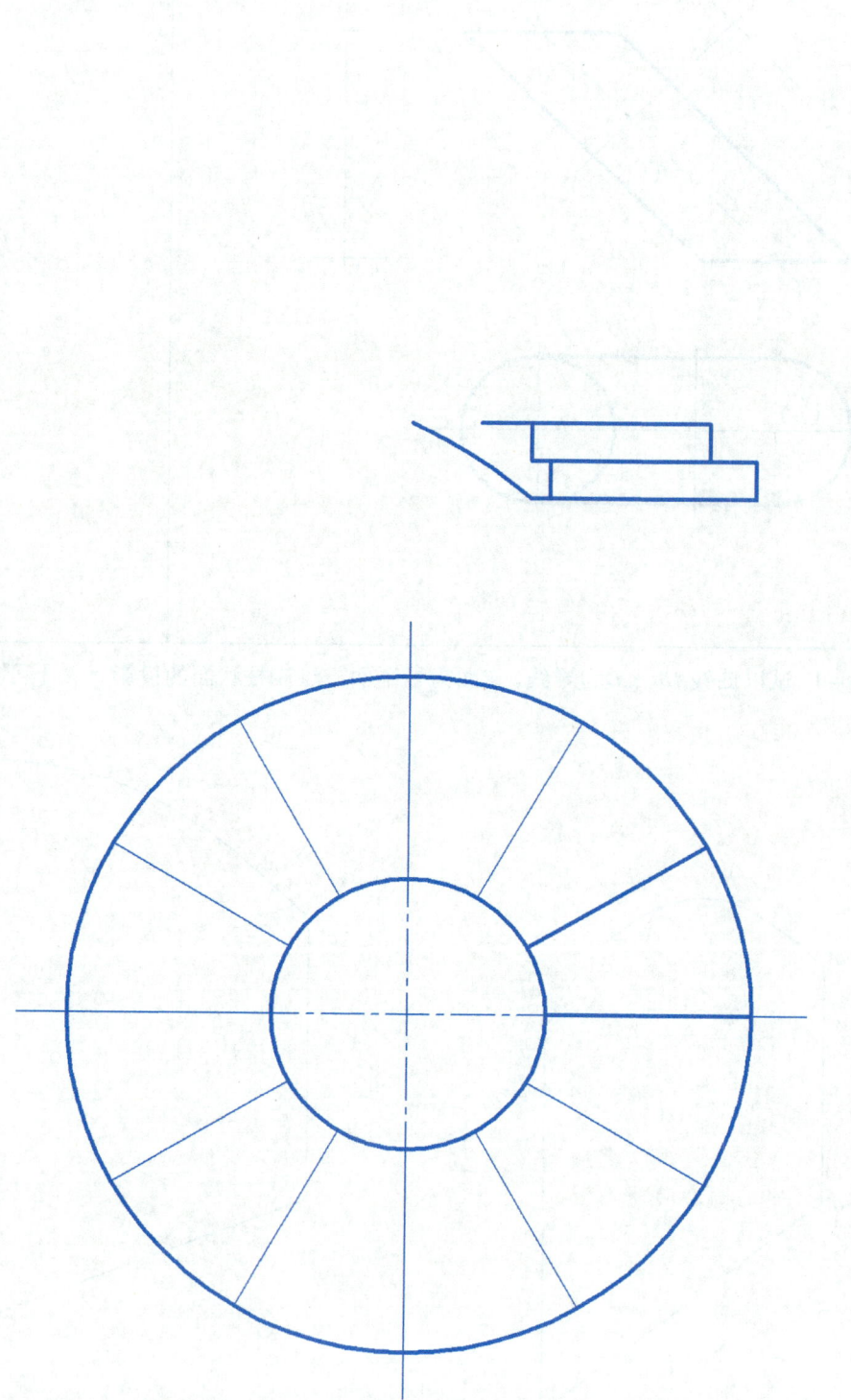

14-8 试以圆柱的高度为一个导程，画出右旋圆柱表面螺旋线的投影，并判别可见性。

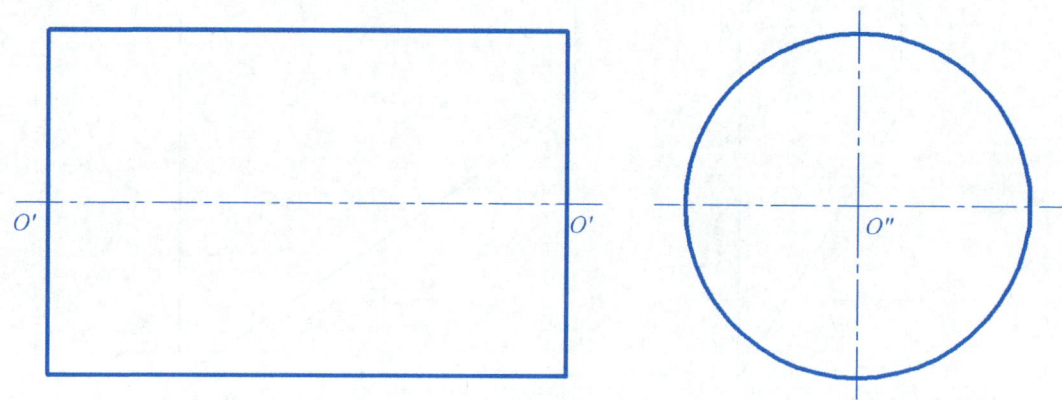

专业班级 _____ 姓名 _____ 学号 ____

15-1　求直线AB的坡度i、平距l、实长、倾角α及整数标高点，（比例1:100）。

$b_{7.4}$

$a_{10.8}$

坡度i=

平距l=

15-2　已知三角形ABC的标高投影，求作三角形平面上高程为7m、8m、9m的等高线及该平面对H面的倾角α(比例1:100)。

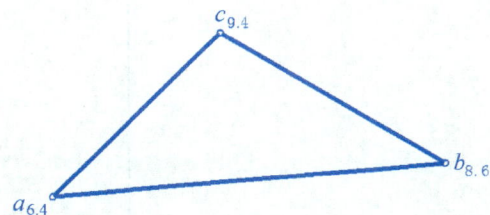

$c_{9.4}$

$b_{8.6}$

$a_{6.4}$

15-3　已知平面上一倾斜直线的标高投影，该平面的坡度为1:2，求作平面上整数高程的等高线，并画出示坡线(比例1:250)。

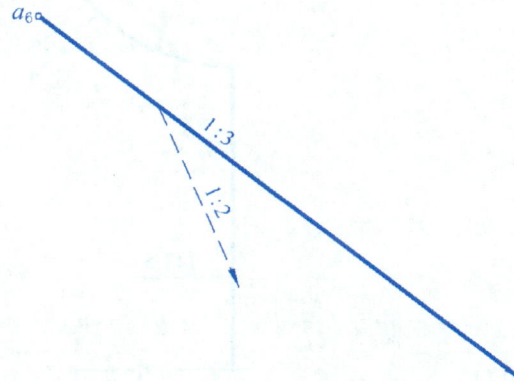

a_6

1:3

1:2

15-4　求下图所示两平面的交线。

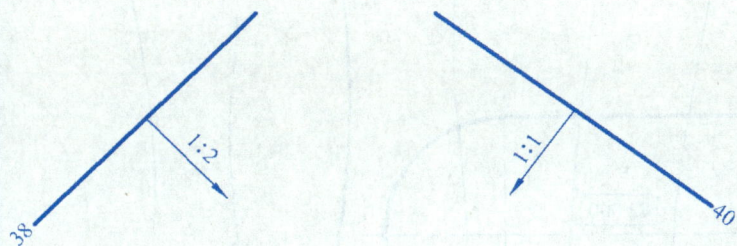

1:2

38

1:1

40

0　2　4　6　8　10m

15-5　在高程为8m的地面上挖一基坑，坑底高程为4m，各挖方边坡的坡度均为1:1，求开挖线及坡面交线(比例1:250)。

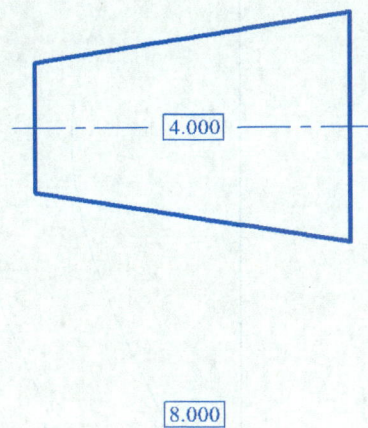

4.000

8.000

15-6　在高程为4m的地面上修筑两堤坝，堤坝高程及各边坡坡度如图所示，求坡脚线和坡面交线。

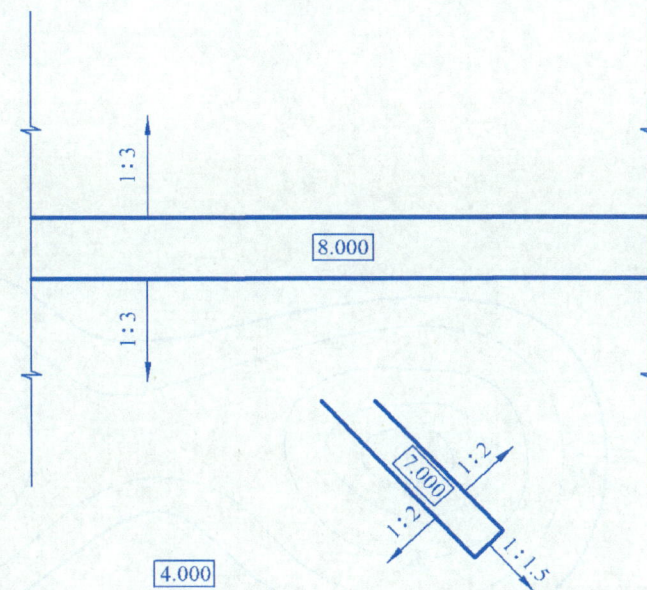

1:3

8.000

1:3

1:2

7.000

1:2

1:1.5

4.000

0　2　4　6　8　10m

15-7 在高程为1m的地面上修筑一标高为4m的平台，平台边坡坡度如图所示，求作坡脚线和坡面交线（比例1：250）。

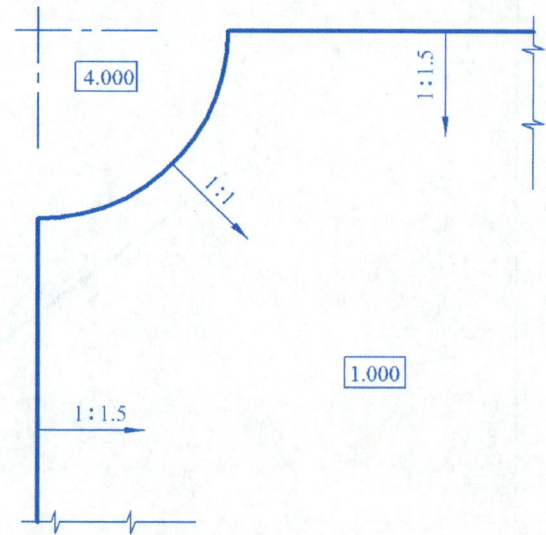

4.000

1：1.5

1：1

1.000

1：1.5

15-8 在高程为4m的地面上修建一圆弧形坡道与高程为8m的水平道路相连，圆弧坡道两侧和道路边坡坡度均为1：2，求作坡脚线和坡面交线。

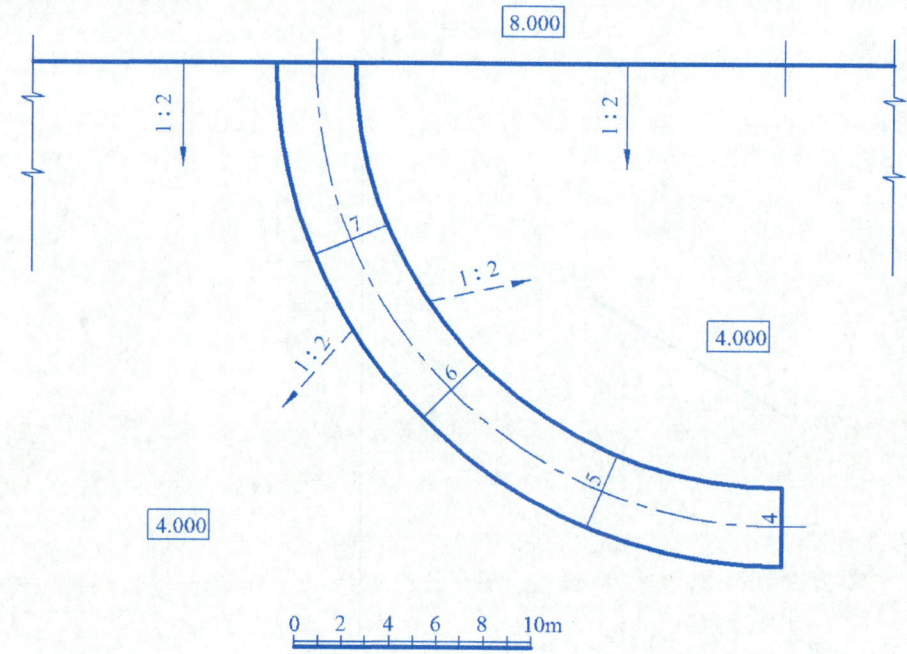

8.000

1：2

1：2

4.000

1：2

7

1：2

6

5

4

4.000

0 2 4 6 8 10m

15-9 已知直管道两端A、B的标高分别为34m和31.5m，求管道AB与地面的交点。

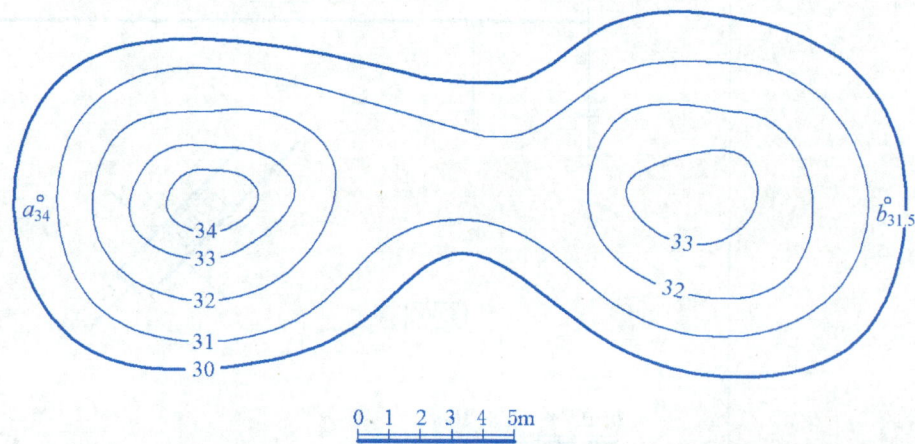

a_{34}°

34
33
32
31
30

33

32

$b_{31.5}^{\circ}$

0 1 2 3 4 5m

15-10 已知平台高程为82m，挖方边坡为1：1，填方边坡为1：1.5，求开挖线、坡脚线和坡面交线（比例1：200）。

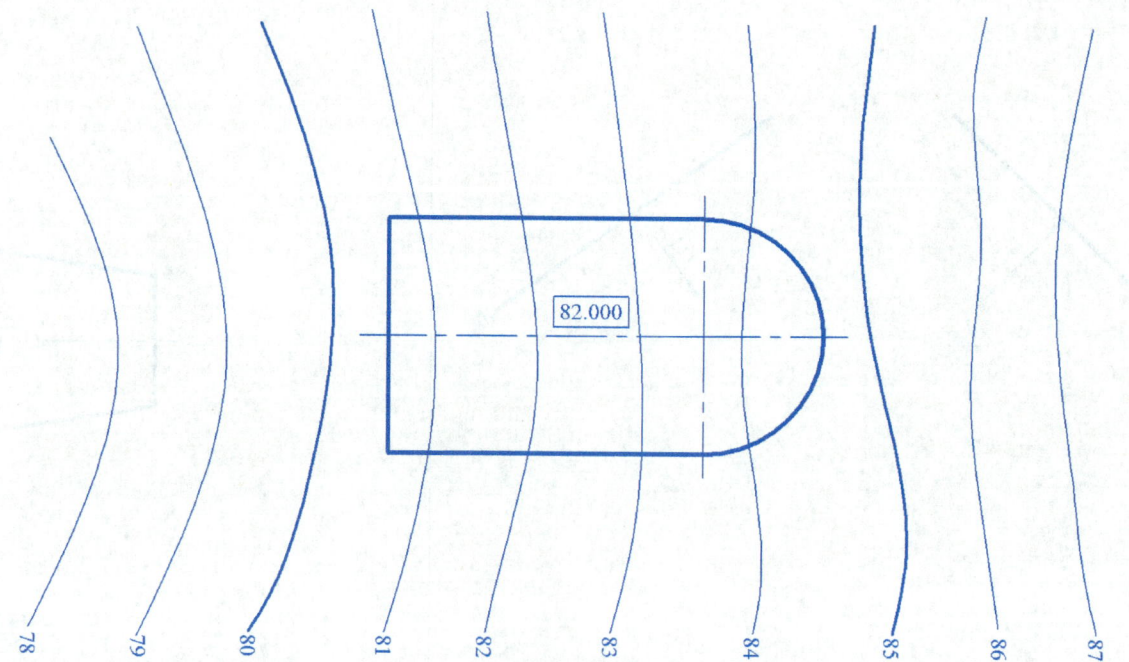

82.000

78 79 80 81 82 83 84 85 86 87

15-11 已知土坝设计断面图、地形图和地形图上坝轴线位置，求作土坝平面图(比例1:1000)。

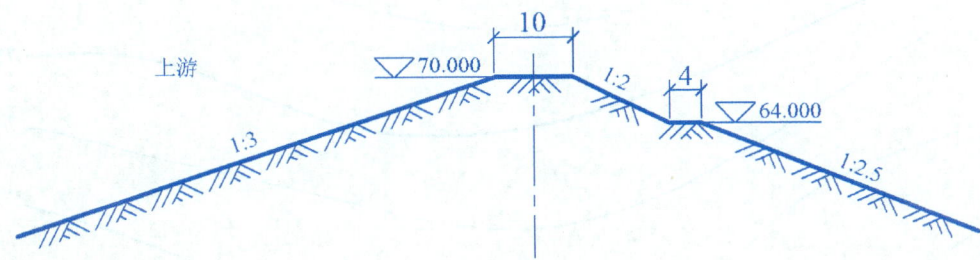

土坝设计断面图

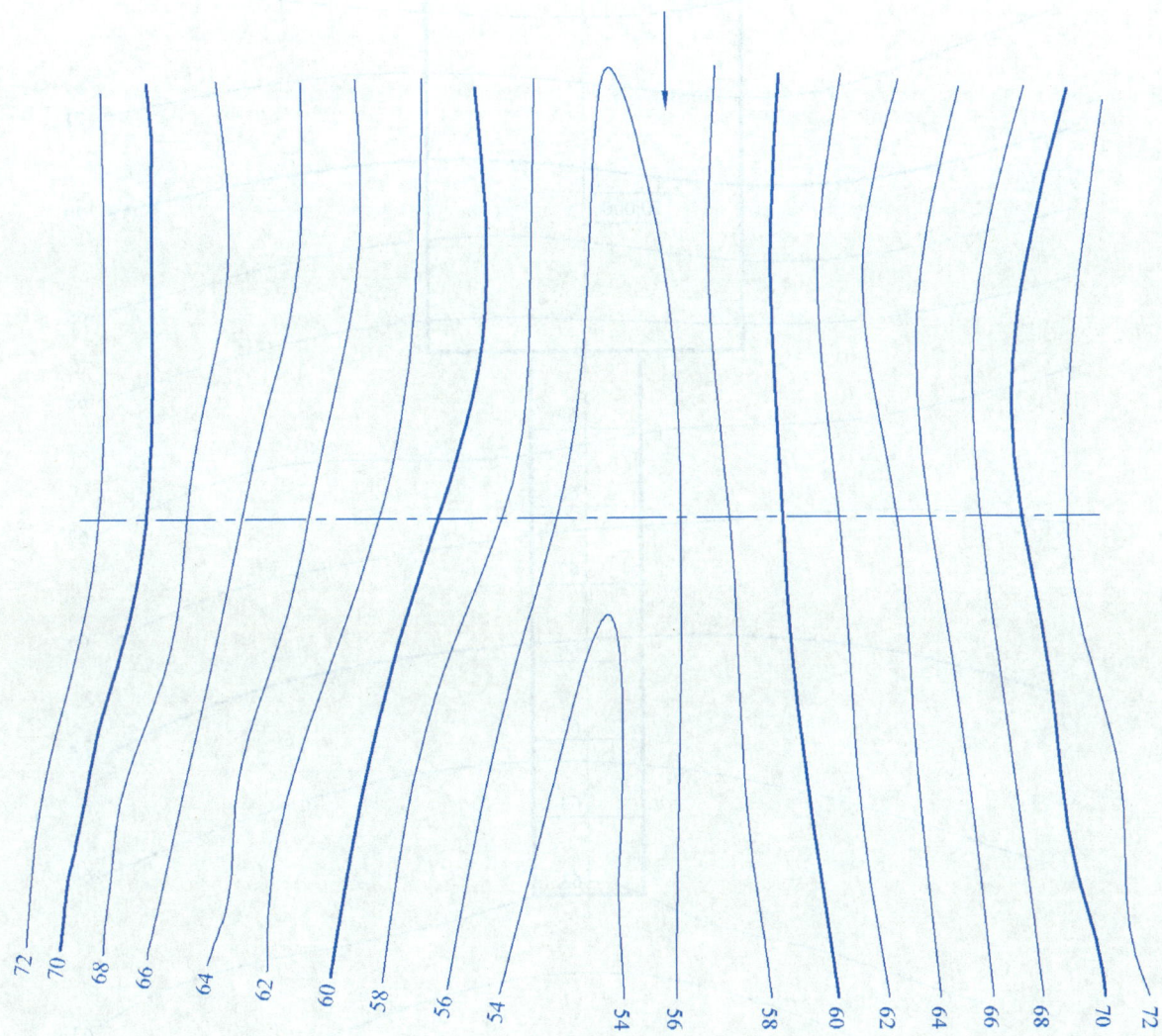

土坝平面图

15-12 在地面上筑高程为45m的水平场地，填、挖方边坡坡度均为1:1，求开挖线、坡脚线及坡面交线(比例1:200)。

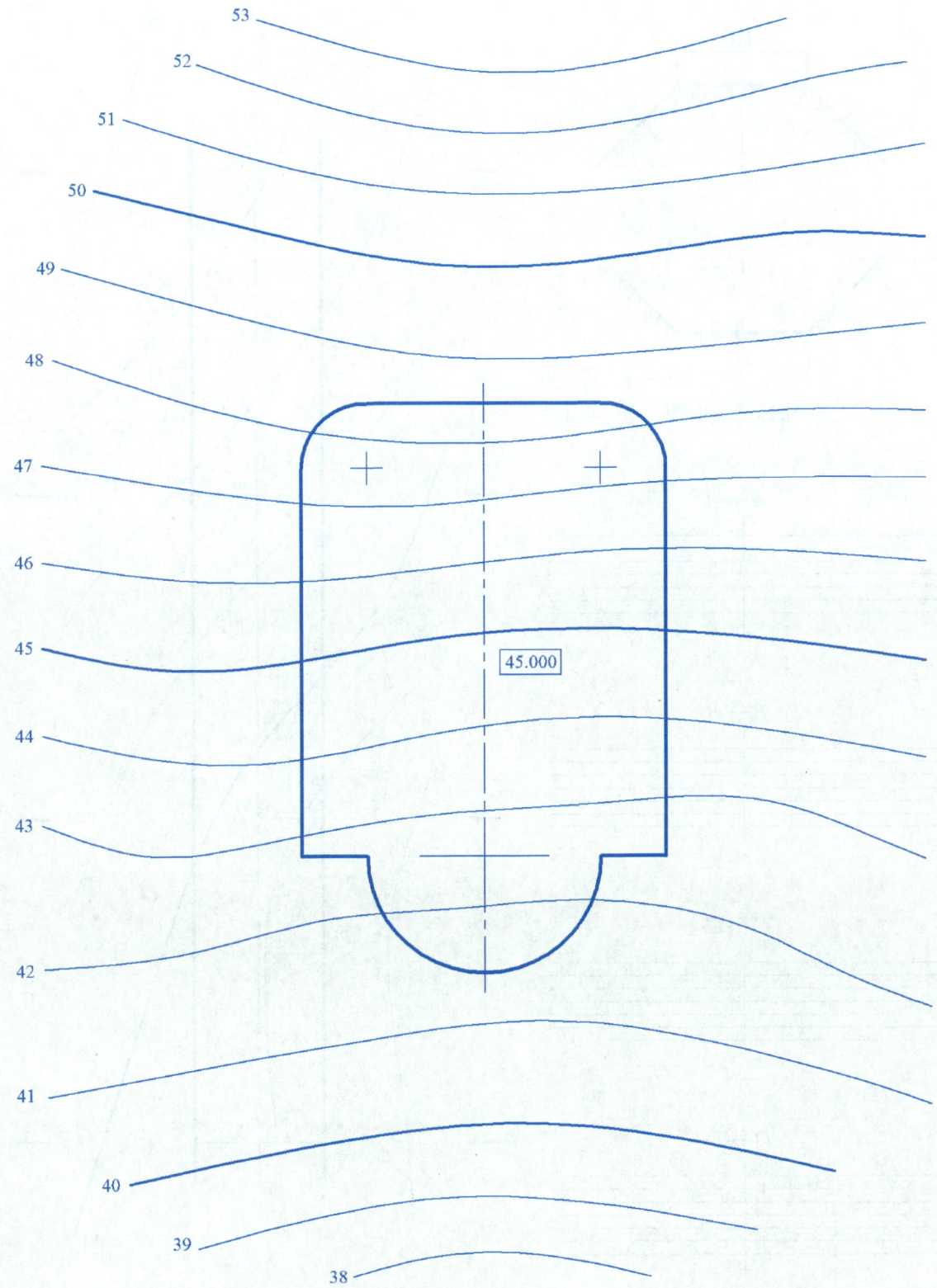

15-13 在地面上修筑一段斜坡道，其填、挖方边坡如道路标准断面图所示，m、n为填、挖方分界点，用断面法求作斜坡道两侧坡面的开挖线和坡脚线(比例1:500)。

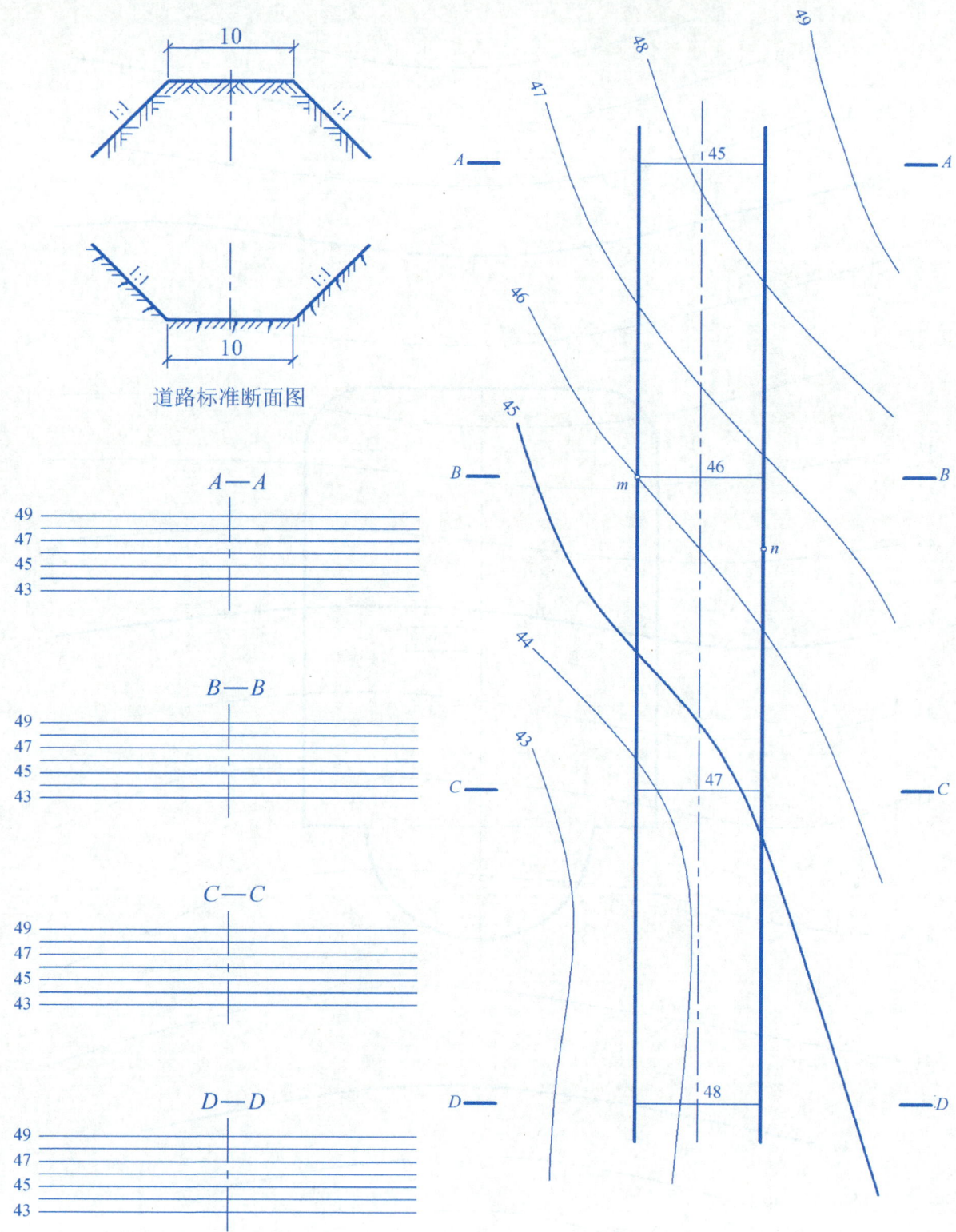

道路标准断面图

A—A

B—B

C—C

D—D

15-14 已知高程为70m的水平场地和一条斜坡道相连，挖方边坡坡度为1:1，填方边坡坡度为1:1.5，求开挖线、坡脚线及坡面交线(比例1:200)。

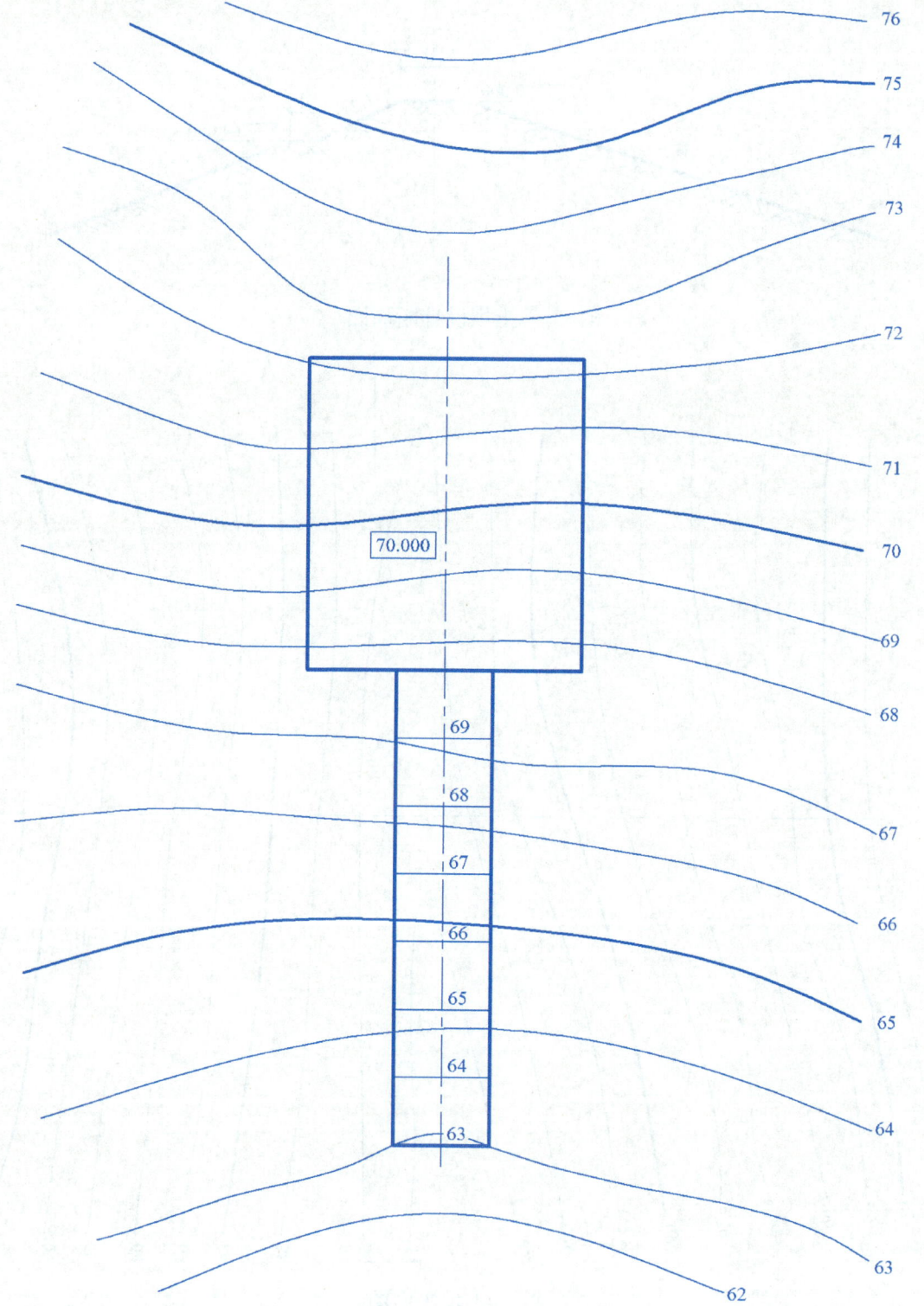

70.000

第16章　作业指示书

作业一　建筑平面图

一、目的

1. 熟悉房屋建筑平面图的内容和要求。
2. 掌握绘制房屋建筑平面图的方法和步骤。

二、内容

抄绘教材中第16章图16-9某办公楼的底层平面图。

三、要求

1. 图纸：用绘图纸A2图幅。标题栏格式见教材。
2. 图名：底层平面图。图别：建施。
3. 比例：1：100。
4. 图线：用铅笔绘制。剖切到的墙、柱等断面轮廓用粗实线（0.7mm），未剖到的可见轮廓线用中实线（0.35mm），定位轴线、尺寸线等用细线（0.18mm）。
5. 字体：汉字写长仿宋体。字高：图名用7mm，比例数字用5mm，尺寸数字、字母用3.5mm。标题栏中的图名、校名用7mm，其余用5mm。

四、说明

绘图步骤参见教材中图16-13及文字说明。

作业二　建筑立面图

一、目的

1. 熟悉房屋建筑立面图的内容和要求。
2. 掌握绘制房屋建筑立面图的方法和步骤。

二、内容

抄绘教材中第16章图16-14某办公楼的①～⑨立面图。

三、要求

1. 图纸：用绘图纸A3图幅。标题栏格式见教材。
2. 图名：①～⑨立面图。图别：建施。
3. 比例：1：100。
4. 图线：用铅笔绘制。立面图外轮廓用粗实线（0.7mm），室外地坪线用加粗实线（1.0mm），门窗洞口、雨篷等用中实线（0.35mm），门窗分格线、墙面装饰线等用细线（0.18mm）。
5. 字体：汉字写长仿宋体。字高：图名用7mm，比例数字用5mm，尺寸数字、字母用3.5mm。标题栏中的图名、校名用7mm，其余用5mm。

四、说明

绘图步骤参见教材中图16-17及文字说明。

作业三　建筑剖面图

一、目的

1. 熟悉房屋建筑剖面图的内容和要求。

2. 掌握绘制房屋建筑剖面图的方法和步骤。

二、内容

1. 抄绘教材中第16章图16-18某办公楼的1—1剖面图。

2. 抄绘教材中第16章图16-19某办公楼的2—2剖面图。

三、要求

1. 图纸：用绘图纸A3图幅。标题栏格式见教材。

2. 图名：1—1剖面图；2—2剖面图。图别：建施。

3. 比例：1：100。

4. 图线：用铅笔绘制。剖切到的墙、板、梁等断面轮廓用粗实线（0.7mm），未剖到的可见轮廓线用中实线（0.35mm），定位轴线、尺寸线等用细线（0.18mm），室内外地坪线用加粗线（1.0mm）。

5. 字体：汉字写长仿宋体。字高：图名用7mm，比例数字用5mm，尺寸数字、字母用3.5mm。标题栏中的图名、校名用7mm，其余用5mm。

四、说明

绘图步骤参见教材中图16-20及文字说明。

作业四　楼梯详图

一、目的

1. 熟悉房屋楼梯详图的内容和要求。

2. 掌握绘制楼梯详面图的方法和步骤。

二、内容

1. 抄绘教材中第16章图16-29、图16-30办公楼"楼梯平面图""楼梯剖面图"。

2. 抄绘习题集16-1某楼梯详图。

三、要求

1. 图纸：用绘图纸A2图幅。标题栏格式见教材。

2. 图名：楼梯详图。图别：建施

3. 比例：1：50。

4. 图线：用铅笔绘制。剖切到的墙、板、梁等断面轮廓用粗实线（0.7mm），未剖到的可见轮廓线用中实线（0.35mm），定位轴线、尺寸线、剖面线等用细线（0.18mm），室内外地坪线用加粗线（1.0mm）。

5. 字体：汉字写长仿宋体。字高：图名用7mm，比例数字用5mm，尺寸数字、字母用3.5mm。标题栏中的图名、校名用7mm，其余用5mm。

四、说明

1. 绘图步骤参见教材中图16-32、图16-33及文字说明。

2. 剖切的部位应画出相应的材料图例。

16-1 抄绘某楼梯详图，绘图要求见作业指示书中的作业四。

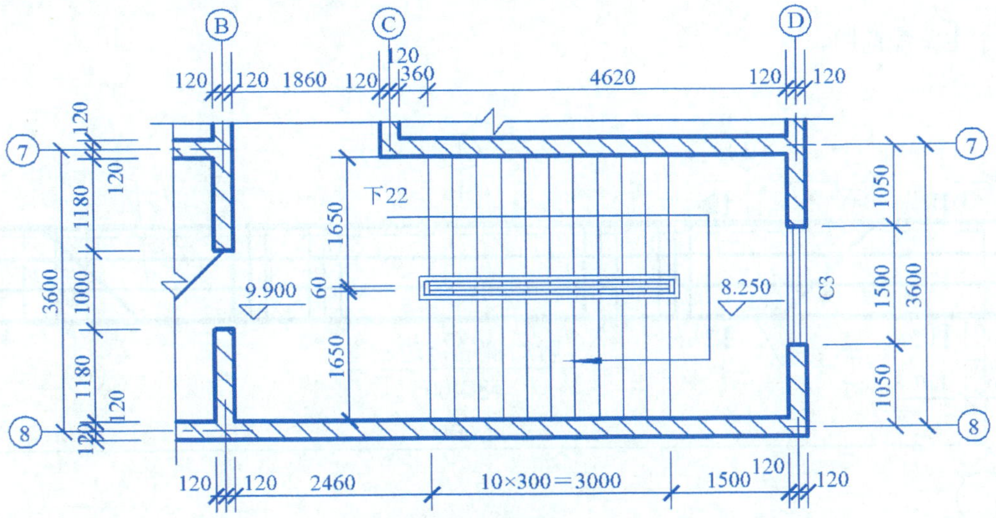

四层平面图 1 : 50

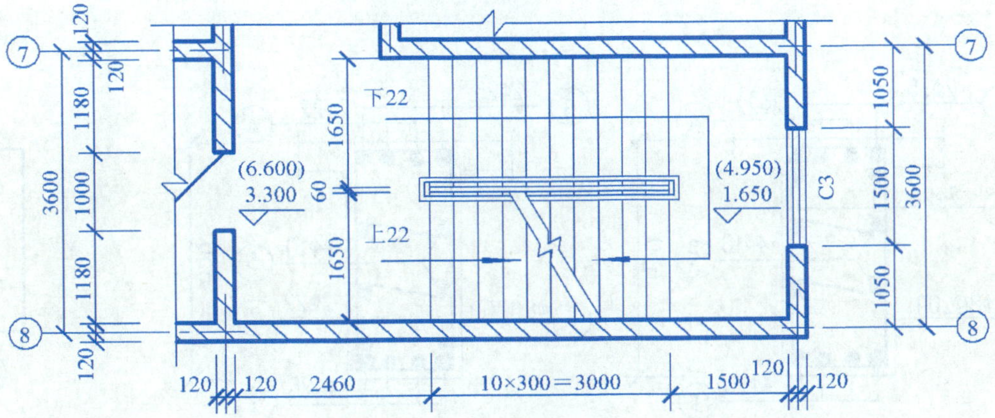

二~三层平面图 1 : 50

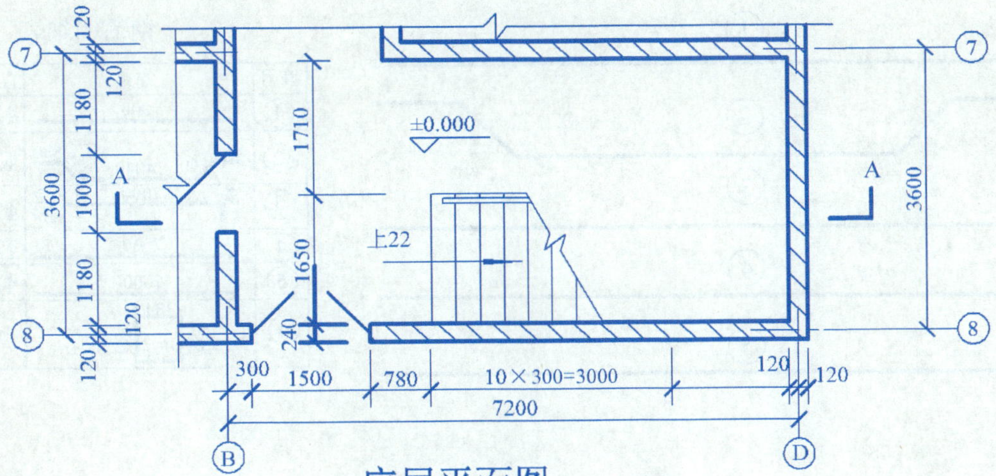

底层平面图 1 : 50

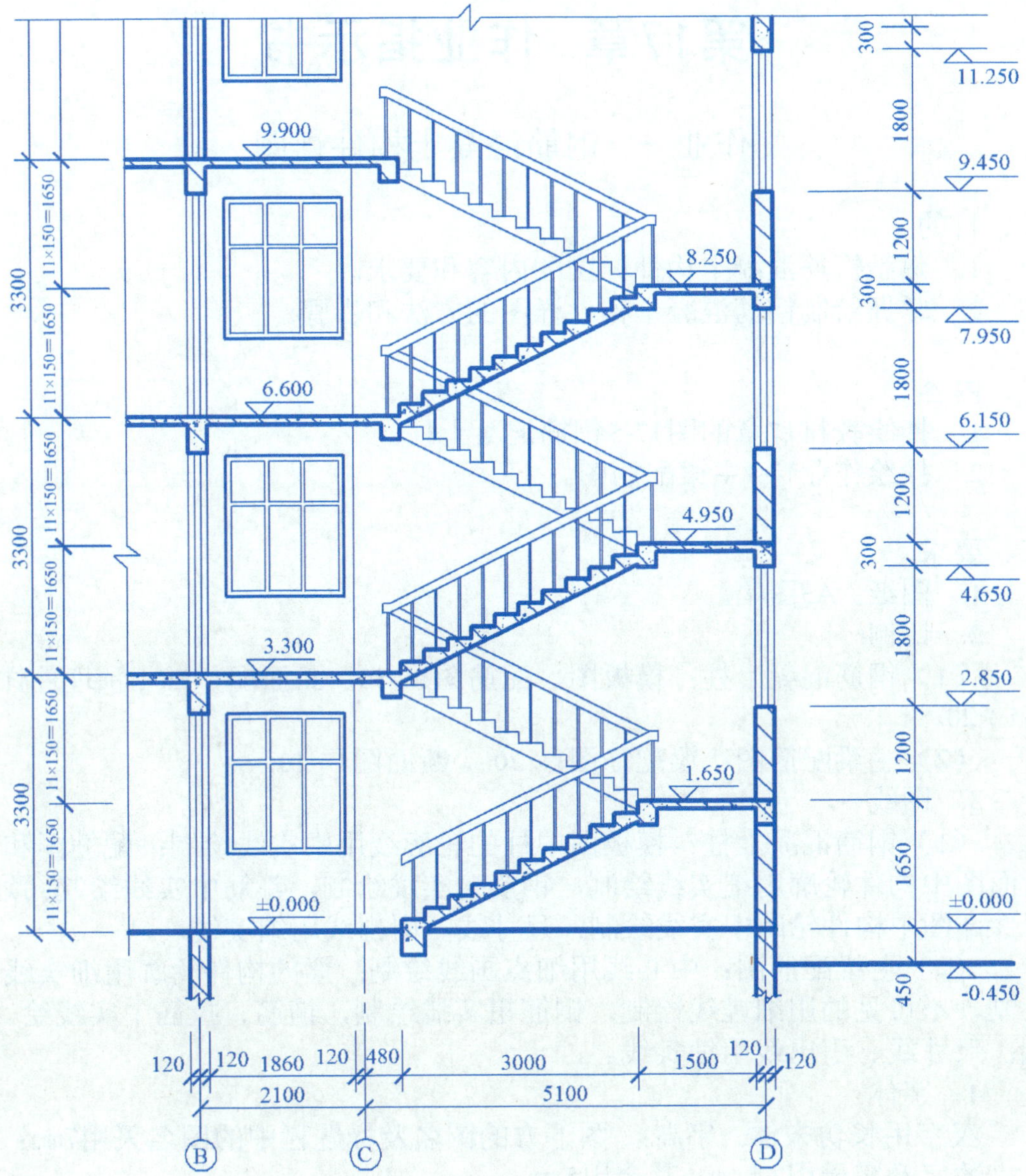

A—A 剖面图 1 : 50

第17章　作业指示书

作业一　钢筋混凝土构件详图

一、目的

1. 熟悉钢筋混凝土构件详图的内容和要求。
2. 掌握绘制钢筋混凝土构件详图的方法和步骤。

二、内容

1. 抄绘教材17章的图17-5钢筋混凝土柱。
2. 抄绘作业17-1主梁配筋图。

三、要求

1. 图纸：A3图幅。
2. 比例

（1）钢筋混凝土柱：模板图、配筋图1：50，断面图1：20，预埋件详图1：20。

（2）主梁配筋图：梁配筋图1：20，断面图1：10。

3. 图线

（1）钢筋混凝土柱：模板图中柱的轮廓线用中实线绘制；配筋图和断面图中构件轮廓用细实线绘制，钢筋粗实线绘制，箍筋中实线绘制；预埋件详图中构件轮廓中实线绘制；尺寸线、引出线用细实线。

（2）主梁配筋图：中心线用细点画线绘制；梁的构件轮廓用细实线绘制，不可见的用细虚线绘制；钢筋粗实线绘制，箍筋、拉筋中实线绘制；尺寸线、引出线用细实线。

4. 字体

汉字用长仿宋体。字高：图下方的图名及标题栏中的图名采用7mm；尺寸数字及字母用3.5mm，其余用5mm。

17-1　主梁配筋图。

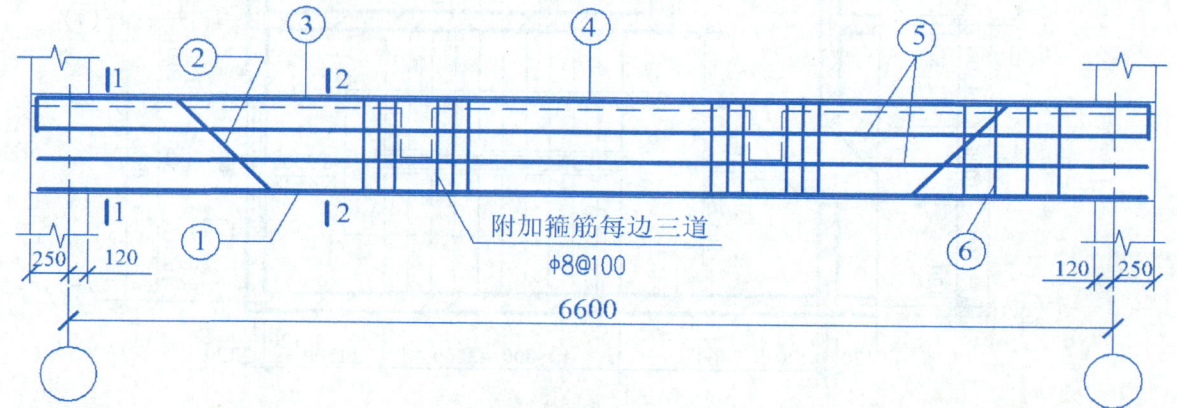

附加箍筋每边三道
Φ8@100

主梁配筋图1：20

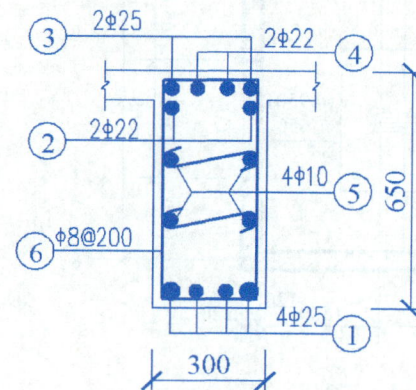

1—1断面图 1：10

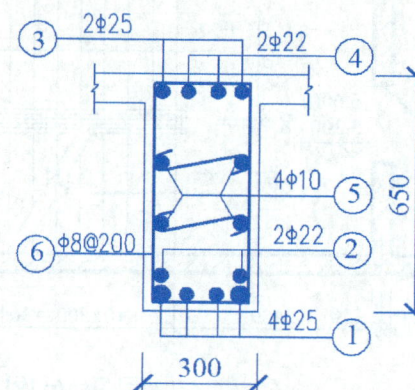

2—2断面图 1：10

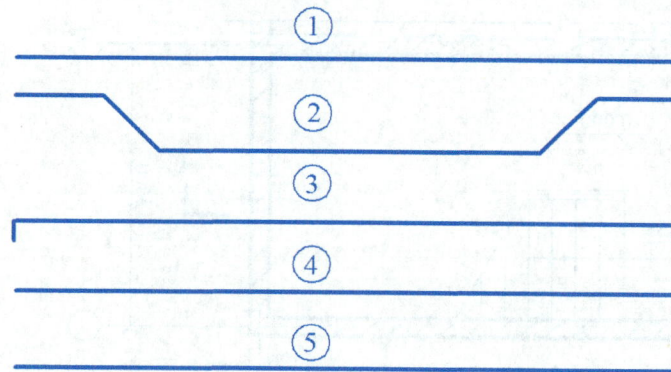

钢筋明细表

编号	简图	直径	长度
①	7000	Φ25	7000
②	880 875 4040 875 880	Φ22	7470
③	250 7000 250	Φ25	7500
④	7000	Φ22	7000
⑤	7000	Φ10	7000
⑥	334 584 234 684	Φ8	1836

专业班级 _____ 姓名 _____ 学号 ____

作业二 钢结构图

一、目的
1. 熟悉钢结构图的内容和要求。
2. 掌握绘制钢构件详图的方法和步骤。

二、内容
抄绘教材17章的图17-11竖向支撑详图。

三、要求
1. 图纸：A3图幅。
2. 比例：1：50。
3. 图线：细点画线绘制定位轴线；画零件，可见部分中实线，不可见部分细虚线；细实线标注零件的编号和定位尺寸；做材料表，写说明。
4. 字体：汉字用长仿宋体。字高：图下方的图名及标题栏中的图名采用7㎜；尺寸数字及字母用3.5㎜；其余用5㎜。

作业三 房屋结构平面图

一、目的
1. 熟悉房屋结构平面图的内容和要求。
2. 掌握绘制房屋结构平面图的方法和步骤。

二、内容
抄绘教材17章的图17-17二层楼板配筋图。

三、要求
1. 图纸：A2图幅。
2. 比例：1：100。
3. 图线：细点画线绘制定位轴线；画柱子，断面涂黑；画出梁，可见的轮廓用中实线绘制，不可见的轮廓用中虚线绘制；粗实线绘制钢筋；标注钢筋编号，定位尺寸，轴线尺寸，全部采用细实线。
4. 字体：汉字用长仿宋体。字高：图下方的图名及标题栏中的图名采用7㎜；尺寸数字及字母用3.5㎜；其余用5㎜。

第18章　作业指示书

作业　给水排水工程图

一、目的

　　1. 熟悉室内给水排水工程图的内容和方法。

　　2. 掌握绘制室内给水排水工程图的方法和步骤。

二、内容

　　抄绘作业18-1。

三、要求

　　1. 图纸：用 A2 图幅绘制。

　　2. 比例：给水排水平面图、系统轴测图 1∶100；卫生间大样图 1∶50；卫生间管道轴测图 1∶50。

　　3. 图示方法：

　　给水排水平面图：建筑的轴线采用细单点长画线绘制，建筑中的墙、门窗等主要轮廓采用细实线绘制，给水管道采用中粗实线绘制，排水管道采用粗虚线绘制；绘出各种卫生器具、管道附件的图例；用细实线标注。

　　系统轴测图：轴测图中管道仍采用单线画法，给水管道采用中粗实线绘制，排水管道采用粗虚线绘制；绘制附件；标注管径、标高。

　　4. 字体：汉字用长仿宋体。 字高： 图下方的图名及标题栏中的图名采采用7㎜；尺寸数字及字母用 3.5㎜；其余用 5㎜。

18-1　抄绘某给水排水工程图。

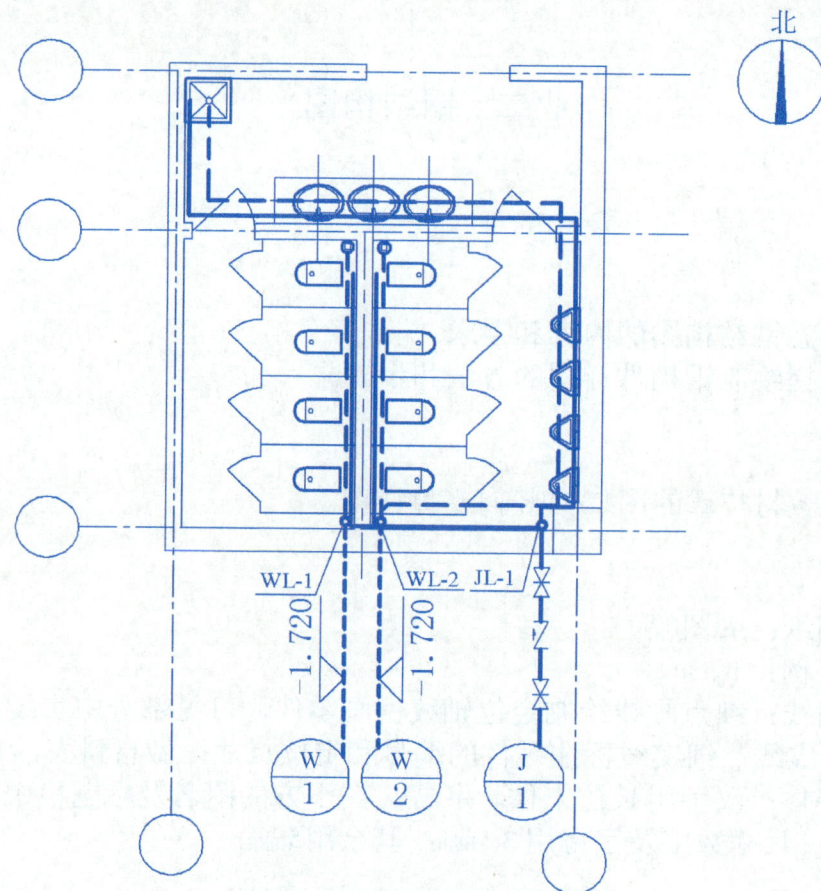

底层给水排水平面图 1∶100

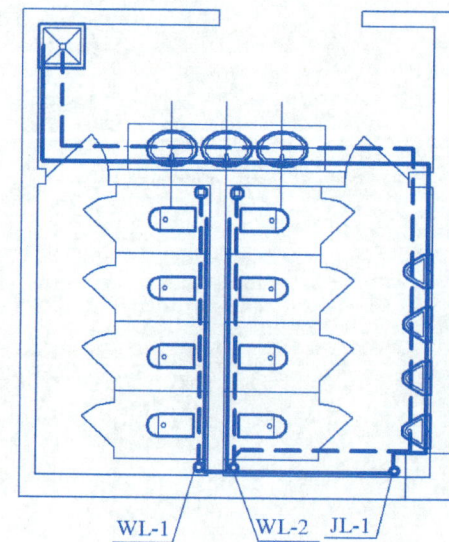

二、三层给水排水平面图 1∶100

专业班级 _____ 姓名 _____ 学号 _____

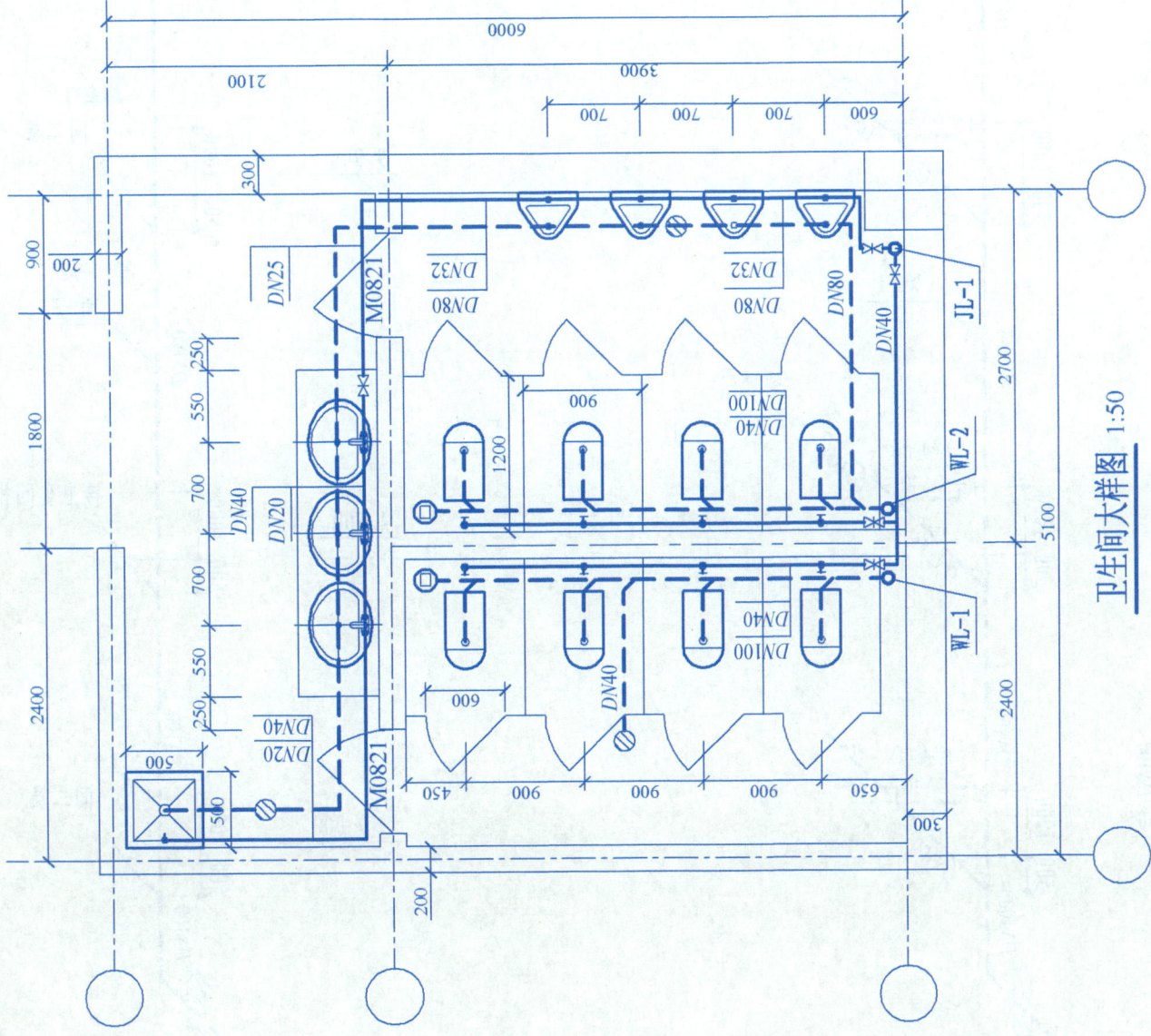

卫生间大样图 1:50

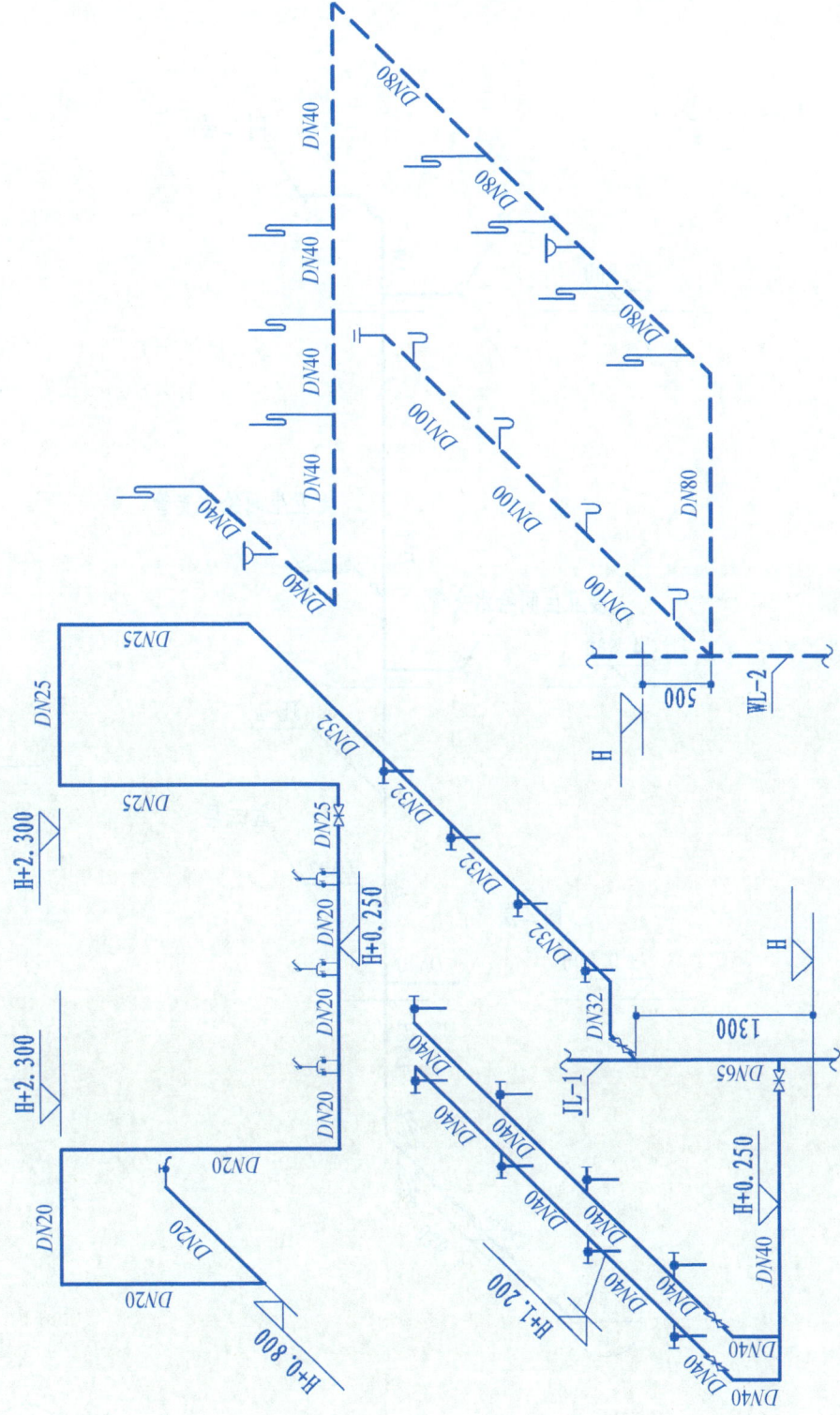

卫生间系统图 1:50

18-1 抄绘某给水排水工程图(续1)。

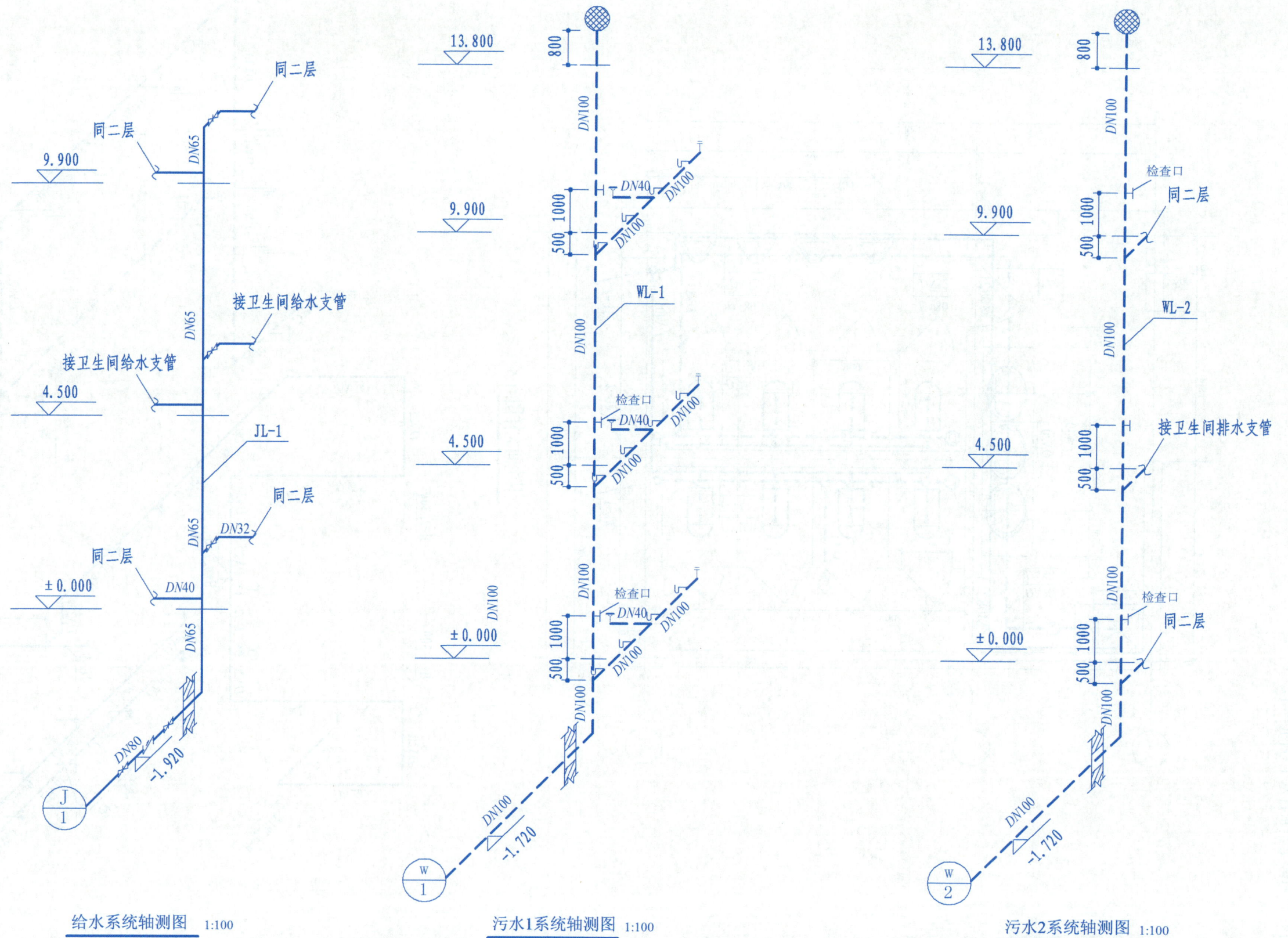

给水系统轴测图 1:100

污水1系统轴测图 1:100

污水2系统轴测图 1:100

专业班级 _____ 姓名 _____ 学号 _____

第19章　作业指示书

作业一　采暖工程图

一、目的
1. 熟悉采暖平面图的内容及要求。
2. 掌握绘制采暖平面图的方法。

二、内容
抄绘教材图19-18、图19-19、图19-20。

三、要求
1. 图纸：用绘图纸A2图幅。标题栏格式见教材。
2. 图名：某商场采暖图。图别：设施。
3. 比例：1：100。
4. 图线：用铅笔绘制。采暖平面图中需绘出的建筑平面图部分一律用细实线绘制，采暖部分按规定线型绘制。
5. 字体：汉字用长仿宋体。字高：图名用7㎜，比例数字用5㎜，尺寸数字、字母用3.5㎜。标题栏中的图名、校名用7㎜，其余用5㎜。

四、说明
绘图步骤参见教材。

作业二　空调平面图

一、目的
1. 熟悉空调平面图的内容及要求。
2. 掌握绘制空调平面图的方法。

二、内容
抄绘教材图19-21空调平面图。

三、要求
1. 图纸：用绘图纸A3图幅。标题栏格式见教材。
2. 图名：空调平面图。图别：设施。
3. 比例：1：100。
4. 图线：用铅笔绘制。空调平面图中需绘出的建筑平面图部分一律用细实线绘制，空调部分按规定线型绘制。
5. 字体：汉字用长仿宋体。字高：图名用7㎜，比例数字用5㎜，尺寸数字、字母用3.5㎜。标题栏中的图名、校名用7㎜，其余用5㎜。

四、说明
绘图步骤参见教材。

21-1　在指定位置画出扭面段1-1剖视图。

（1）

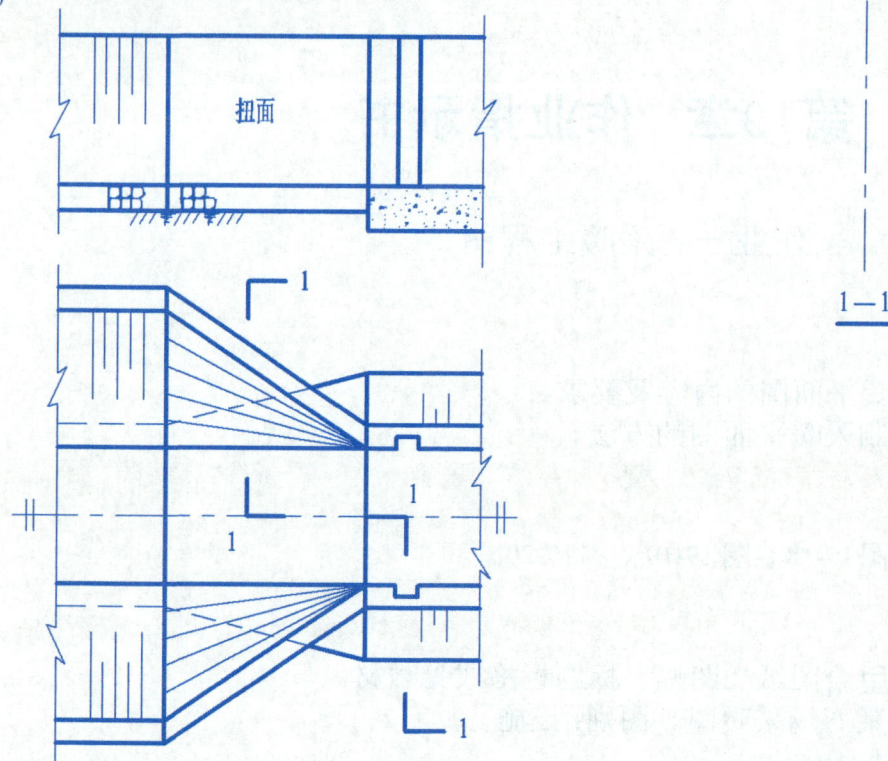

1-1

（2）

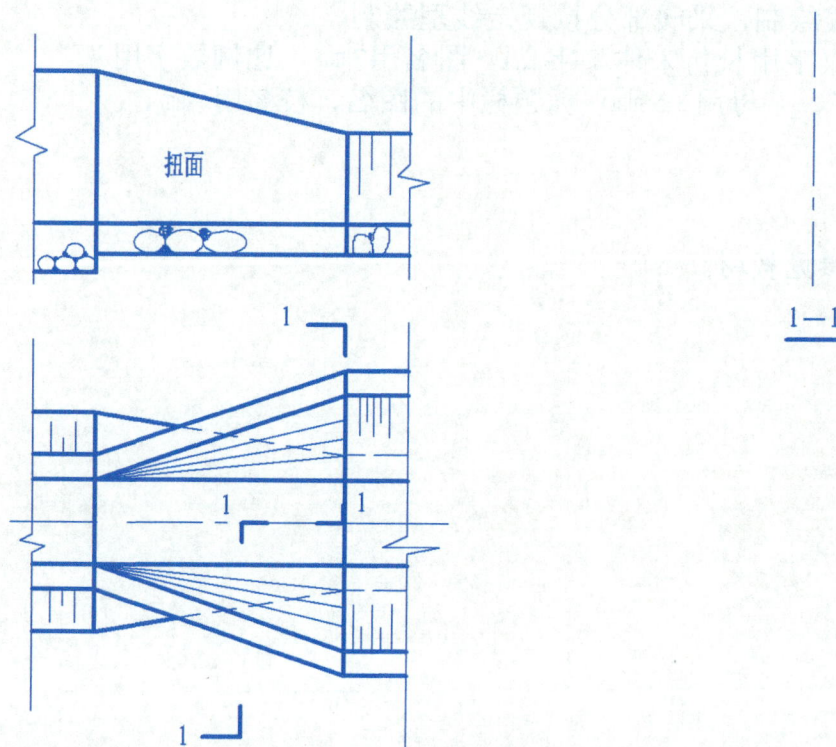

1-1

第20章　作业指示书

作业　道路工程图

一、目的

掌握道路工程图的表达方法。

二、内容

抄绘教材20章的图20-5路线纵断面图。

三、要求

1. 图纸：用A3图幅绘制。

2. 比例：按图中尺寸计算后选定。

3. 字体：汉字用长仿宋体。字高：标题栏中的图名采用7mm；尺寸数字及字母用3.5 mm；其余用5mm。

4. 图线：按照道路工程图要求绘制。

21-2 在指定位置画出扭面段左、右立面图。

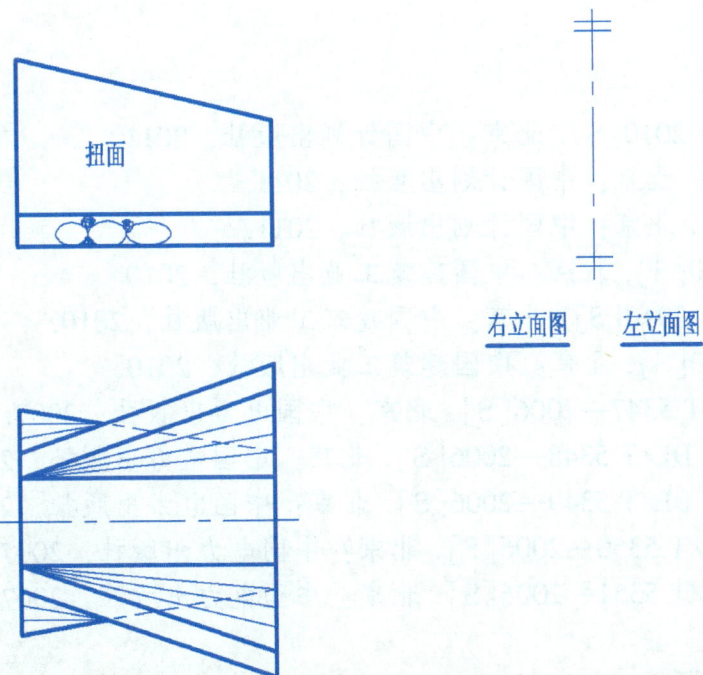

扭面

右立面图　左立面图

21-3 在指定位置画出渐变段1—1断面图。

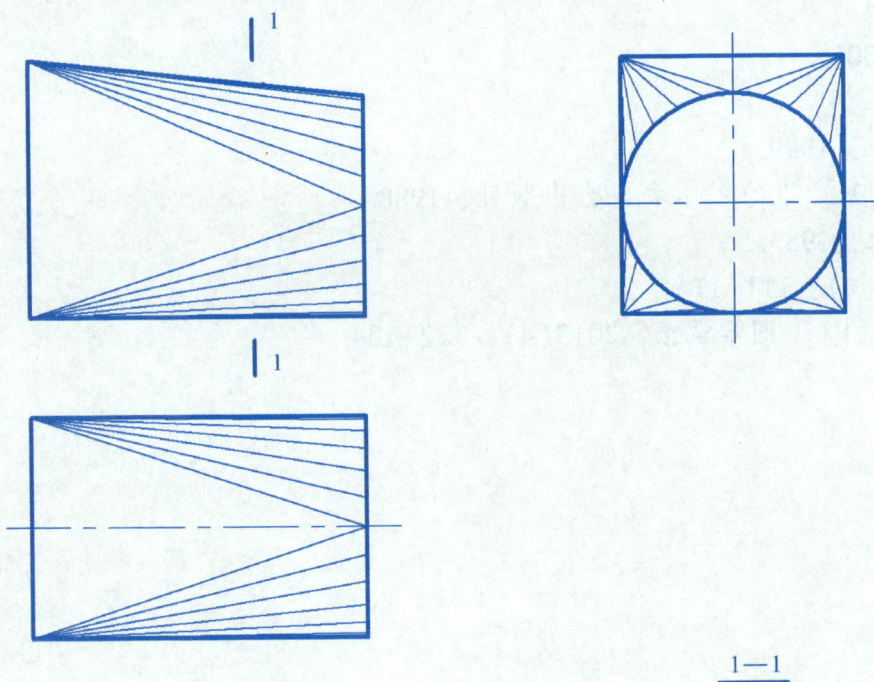

1

1

1—1

第21章　作业指示书

作业　水利工程图

一、目的
1. 掌握水利工程图的画法。
2. 熟悉水利工程图的表达方法。

二、内容
抄绘教材21章的图21-25、图 21-26、图 21-27 进水闸结构图。

三、要求
1. 图纸：用A2图幅绘制。
2. 图名：进水闸结构图。
3. 比例：反滤层详图 1：25，排水孔详图 1：50，其余图样 1：200。
4. 图线：

按照水工图样图线绘制要求进行。可将建筑物的主体外轮廓线、剖视图的断面轮廓等用粗实线绘制；将闸门、工作桥等次要结构用中粗线绘制；将辅助设施结构（如桥的栏杆等）用细实线绘制。线宽比为4：2：1。为此，粗实线采用0.7mm，中粗线采用0.35mm，细实线采用0.18mm。

5. 布图：可参照投影关系配置。
6. 字体：汉字用长仿宋体。字高：图名及标题栏中的图名采用7mm；尺寸数字及字母用3.5mm；其余用5mm。

参 考 文 献

[1] 中华人民共和国住房和城乡建设部 . 房屋建筑制图统一标准：GB/T 50001—2010[S]. 北京：中国计划出版社，2011.
[2] 中华人民共和国住房和城乡建设部 . 总图制图标准：GB/T 50103—2010[S]. 北京：中国计划出版社，2011.
[3] 中华人民共和国住房和城乡建设部 . 建筑制图标准：GB/T 50104—2010[S]. 北京：中国计划出版社，2011.
[4] 中华人民共和国住房和城乡建设部 . 建筑结构制图标准：GB/T 50105—2010[S]. 北京：中国建筑工业出版社，2010.
[5] 中华人民共和国住房和城乡建设部 . 建筑给水排水制图标准：GB/T 50106—2010[S]. 北京：中国建筑工业出版社，2010.
[6] 中华人民共和国住房和城乡建设部 . 暖通空调制图标准：GB/T 50114—2010[S]. 北京：中国建筑工业出版社，2010.
[7] 电力行业水电规划设计技术标准委员会 . 水电水利工程基础制图标准：DL/T 5347—2006[S]. 北京：中国电力出版社，2007.
[8] 电力行业水电规划设计技术标准委员会 . 水电水利工程水工建筑制图标准：DL/T 5348—2006[S]. 北京：中国电力出版社，2007.
[9] 电力行业水电规划设计技术标准委员会 . 水电水利工程水力机械制图标准：DL/T 5349—2006[S]. 北京：中国电力出版社，2007.
[10] 电力行业水电规划设计技术标准委员会 . 水电水利工程电气制图标准：DL/T 5350—2006[S]. 北京：中国电力出版社，2007.
[11] 电力行业水电规划设计技术标准委员会 . 水电水利工程地质制图标准：DL/T 5351—2006[S]. 北京：中国电力出版社，2007.
[12] 国家质量技术监督局. 技术制图[M]. 北京：中国标准出版社，1999.
[13] 殷佩生，吕秋灵. 画法几何及水利工程制图习题集[M]. 北京：高等教育出版社，2006.
[14] 杨胜强，马麟. 工程制图学及计算机绘图习题集[M]. 北京：国防工业出版社，2005.
[15] 何斌，陈锦昌，陈炽坤. 建筑制图习题集[M]. 北京：高等教育出版社，2005.
[16] 蒲小琼，陈玲，熊艳. 画法几何及水利土建制图习题集[M]. 北京：北京邮电大学出版社，2005.
[17] 丁宇明，黄水生. 土建工程制图习题集[M]. 北京：高等教育出版社，2004.
[18] 朱育万. 画法几何及土木工程制图习题集[M]. 北京：高等教育出版社，2001.
[19] 焦永和. 机械制图习题集[M]. 北京：北京理工大学出版社，2001.
[20] 谭建荣，张树有，陆国栋，等. 图学基础教程[M]. 北京：高等教育出版社，1999.
[21] 辽宁省水利水电勘测设计院，浙江省水利厅. 小型水利水电工程设计图集[M]. 北京：水利电力出版社，1988.
[22] 苏宏庆. 画法几何及水利工程制图习题集[M]. 成都：四川科学技术出版社，1983.
[23] 张满栋，杨胜强，吕明. 复合轴测图的精确绘制[J]. 工程图学学报，2007(4)：111-116.
[24] 张满栋，梁国星，杨胜强，等. 泛土木水利工程制图教学内容体系改革探讨[J]. 图学学报，2013(4)：132-134.